Eva Freistetter, Jana Steuer, Elka Xharo

AUF EINEN KAFFEE IM ALL

Eva Freistetter, Jana Steuer, Elka Xharo

AUF EINEN KAFFEE IM ALL

Sternenwissen zum Mitnehmen

Von Asteroiden, Atomen und Aliensignalen

GOLDEGG

Umschlaggestaltung: Minitta Kandelbauer
Autorinnenfoto: Eva Freistetter © Silke Ebster,
Jana Steuer © privat, Elka Xharo © privat
Projektmanagement: Kate Reiserer
Satz, Layout und Illustrationen: Helena Poppe

ISBN: 978-3-99060-541-7

Goldegg Verlag
Unter den Linden 21 • D-10117 Berlin
Telefon: +49 800 505 43 76-0
Mommsengasse 4/2 • A-1040 Wien
Telefon: +43 1 505 43 76-0

E-Mail: office@goldegg-verlage.com
www.goldegg-verlage.com

Herstellung: Goldegg Verlag GmbH, Wien
Druck: GGP Media GmbH, 07381 Pößneck, Deutschland
Kontaktadresse nach EU-Produktsicherheitsverordnung:
produktsicherheit@goldegg-verlage.com

Für meinen Mann Florian. Ohne ihn würde

es dieses Buch hier nicht geben.

Für meine Mama, die immer an mich glaubt.

- Eva

Für Joan, der mein Zuhause ist.

Für Harald, der mir den Glauben an mich selbst zurückgab.

- Jana

Für meinen Vater, der mir sehr fehlt,

und meine Mutter, der ich alles verdanke.

- Elka

Inhalt

Auf einen Kaffee im All

Hallo und herzlich willkommen zu einer neuen Folge von Cosmic Latte!

Unsere »Kaffeehausgespräche über Astronomie«, wie der Untertitel des Podcasts lautet, wollen wir nun auch auf den Seiten dieses Buches weiterführen. Denn das Kaffeehaus ist seit Jahrhunderten ein Ort, an dem Gedanken ausgetauscht, Debatten geführt und Ideen entwickelt werden. Wir laden dich ein, in unserem imaginären Kaffeehaus Platz zu nehmen. Du kannst auch gerne probieren, dort eine »Cosmic Latte« zu bestellen, du wirst dann aber kein Getränk bekommen, sondern gleich die erste Geschichte: Hast du gewusst, dass das Universum eine Farbe hat und dass diese Farbe nicht einfach nur Schwarz ist? Man kann das Licht untersuchen, das all die strahlenden Galaxien im Kosmos in die dunklen Weiten des Alls hinaussenden. Wenn man die Farben der unzähligen Sterne mittelt, dann ist das Ergebnis ein helles Beige. Die Forschenden, die genau diese Analyse im Jahr 2003 durchgeführt haben, hat das an den Milchschaum eines Latte macchiato erinnert, und sie haben der Farbe deswegen den Namen »Cosmic Latte« gegeben. Wenn du wissen möchtest, wie genau dieses Beige aussieht, dann kannst du auf deinem Computer den offiziellen hex-Farbcode dafür eingeben:

#fff8e7

Oder aber du wirfst einen Blick auf das Cover unseres Buchs: Der Titel ist dort ebenfalls in »Cosmic Latte« gedruckt.

Die Farbe des Universums ist nur eine von vielen Geschichten. Auf den folgenden Seiten wollen wir über fremde Welten erzählen, die ferne Sterne umkreisen, und über Planeten, die allein durchs dunkle All fliegen. Wir möchten dir von den Frauen erzählen, die nach den Sternen gegriffen haben und deren Arbeit heute immer noch nicht so bekannt ist, wie sie es sein sollte. Wir berichten von den ersten Schritten auf dem Weg ins All und lüften Geheimnisse, die im Sternenlicht verborgen sind. Auch über die vielen Mythen rund um das Weltall, die Sterne und außerirdisches Leben wirst du einiges Neues erfahren. Im Gepäck haben wir außerdem Geschichten über den Weltuntergang und die Rettung der Welt. Oder darüber, wie es wäre, wenn die Aliens versuchen, mit uns zu kommunizieren.

Setz dich zu uns ins kosmische Kaffeehaus, bestell dir eine Melange, eine heiße Schokolade, einen Earl Grey oder was immer dich glücklich macht und entdecke das Universum, seine Unendlichkeit und die vielen, noch ungelüfteten Geheimnisse mit uns. Die Begeisterung für diese erstaunlichen Geschichten verbindet uns drei und wir wollen sie nun an dich weitergeben! Also, lehn dich zurück und lass dich begeistern!

Horoskope, Mondmythen und andere Märchen

Elka

Wisst ihr, was mir letztens passiert ist? Ich hab in einer Runde erzählt, dass ich im Planetarium arbeite, und eine Person meinte daraufhin begeistert: »Oh, wie cool, ich liebe auch Astrologie!«

Jana

Haha, aber meinte sie eigentlich Astronomie?

Elka

Nein, nein, sie meinte wirklich Astrologie ...

Eva

Wenn ich von meinem Studium erzähle, passiert es immer wieder, dass Leute die zwei Begriffe vertauschen.

Elka

Sind ja auch vom Klang sehr ähnlich, da kann es schon zu Verwechslungen kommen. Aber mit den Inhalten der Astrologie haben wir gar nichts am Hut ...

Bevor wir uns gemeinsam zu einem Kaffee im All aufmachen, müssen wir eine weitverbreitete Verwechslung aufklären: Astronomie und Astrologie sind nicht dasselbe! Während die Astronomie eine ernstzunehmende Wissenschaft über das faszinierende Universum ist, zählt Astrologie zu unwissenschaftlichem Aberglauben und Hokuspokus. Die Astrologie reiht sich neben Tarotkarten, Heilkristallen oder Wahrsagerei eindeutig in die Sphäre der Esoterik ein. Deshalb tut es dem Wissenschaftsherz besonders weh, wenn die Astronomie mit der sehr ähnlich klingenden Astrologie verwechselt oder in denselben Topf geworfen wird. Dabei sind die beiden so etwas wie bei der Geburt getrennte Zwillinge, die zwar eine gemeinsame Herkunft haben, aber danach sehr unterschiedliche Wege gegangen sind. Der eine Zwilling, Astronomie, ging den erleuchteten Weg der Empirie und Wissenschaftlichkeit. Der böse Zwilling, Astrologie, wählte hingegen den dunklen Pfad in das Land der esoterischen Märchen.

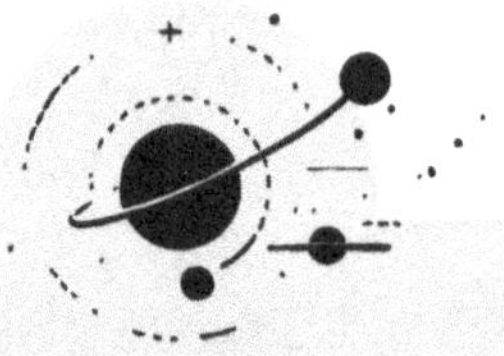

Was ist eigentlich Esoterik?

Der Begriff »Esoterik« leitet sich vom griechischen *esōterikós* (»innerlich, für Eingeweihte bestimmt«) ab und meint ursprünglich Wissen, das nur einem kleinen Kreis zugänglich war. Es bezeichnet ein Sammelsurium von Lehren und Praktiken, die sich nicht auf wissenschaftliche Belege stützen, sondern auf »Geheimwissen« und Intuition.

Eine kurze Geschichte der Astrologie

Der Ruf der Astrologie war nicht immer so schlecht. Ganz im Gegenteil. Es gab eine Zeit, in der sich Astrolog*innen vor allem mit komplexen Berechnungen der Himmelsmechanik beschäftigten, so wie es bis heute in der Astronomie üblich ist.

Um zum gemeinsamen Ursprung dieser ungleichen Zwillinge zu kommen, müssen wir über 3.000 Jahre in die Vergangenheit reisen, nach Mesopotamien, dem Zweistromland zwischen Euphrat und Tigris. Im Süden dieser alten Hochkultur lebten im Gebiet des heutigen Iraks die Babylonier*innen, ein faszinierendes Volk, das großes Wissen in der Astronomie und Mathematik besaß. Sie blickten in den Nachthimmel und erkannten, dass sich die Sternbilder mit den Jahreszeiten veränderten. Um das Wetter, das für die Landwirtschaft entscheidend ist, besser vorhersagen zu können, benutzten die Babylonier*innen die Astrologie deshalb als eine Art Jahreskalender. Der beobachtete Zusammenhang zwischen den Sternen und dem Wetter legte den Gedanken nahe, dass die Pünktchen am Himmel wohl einen Einfluss auf das Leben auf der Erde haben. Kein abwegiger Gedanke in einer Zeit, wo trotz großer Fortschritte in der Himmelsbeobachtung noch viele wissenschaftliche Erklärungen für die Vorgänge des Universums fehlten. In Babylon konzentrierte sich die Lehre der Astrologie jedoch vor allem auf die Berechnungen. Vorhersagen über die Zukunft wurden, wenn, dann nur für ganze Länder oder Herrscherfamilien gemacht. Es gab eigene Priesterastronomen, die Bewegungen der Himmelskörper als Ausdruck des göttlichen Willens und als Botschaften an den König deuteten. Aus den Sternen lasen sie, wann der richtige Zeitpunkt gekommen war, um in den Krieg zu ziehen oder eine königliche Heirat zu schließen. Die persönlichen Horoskope, die wir heutzutage aus der Astrologie kennen, wurden erst später im antiken Griechenland populär.

Die griechischen Gelehrten entwickelten die Astrologie zur Sterndeutung weiter und führten individuelle Vorhersagen mit, aus heutiger Sicht, pseudowissenschaftlichen Begriffen wie »Aszendent« ein. Aber bevor wir zu den Aszendenten kommen, sollten wir zuerst über Sternzeichen, also die Tierkreiszeichen, sprechen. Hierbei handelt es sich um besondere Sternbilder, die auf der scheinbaren Bahn der Sonne am Himmel liegen. Diese Bahn wird in der Astronomie als »Ekliptik« bezeichnet. Da die meisten Sternbilder auf der Ekliptik nach Tieren benannt sind, nennt man sie Tierkreiszeichen. Doch was haben die nun mit unserem Sternzeichen zu tun?

Wenn wir uns die Erde als großes Auge vorstellen, das unabhängig von der Tageszeit in Richtung der Sonne schaut, sind die Tierkreiszeichen die Sternbilder, die hinter der Sonne im Laufe eines Jahres vorbeiziehen. Dein Sternzeichen ist nun das Sternbild, das an deinem Geburtstag hinter der Sonne gestanden ist. Laut alter astrologischer Lehre zum Beispiel: »Löwe« von 23. Juli bis 23. August. Wer es noch ein bisschen genauer wissen will, kann auch seinen Aszendenten bestimmen. Das wäre das Sternbild, das am Geburtsort und zur genauen Geburtszeit genau im Osten am Horizont aufgeht, deswegen vom lateinischen Wort »ascendens« – »aufsteigend« – abgeleitet. »Warum Lateinisch?«, fragst du dich vielleicht. Weil im Römischen Reich, wie so vieles, auch die Lehre der Astrologie von der griechischen Kultur übernommen wurde. So kam die Astrologie ins restliche Europa und blieb auch im Mittelalter noch eng mit der jungen Astronomie verwoben.

Sogar der große Astronom Johannes Kepler verdiente sich mit der Erstellung von Horoskopen etwas dazu. Das mag auf den ersten Blick sehr irritierend wirken, doch muss man bedenken, dass Kepler ein Kind seiner Zeit war. Auch unter vielen Wissenschaftler*innen war der Glaube an eine Naturphilosophie und eine göttliche Ordnung damals sehr groß. Kepler glaubte an eine kosmische Harmonie, stand der Astrologie aber eigentlich kritisch gegenüber. In seinen Schriften finden sich Hinweise darauf, dass er Horoskope vor allem aus praktischen Gründen erstellte – als Einnahmequelle in wirtschaftlich schwierigen Zeiten. Die Deutung der Sternzeichen entwickelte sich immer mehr zu einem Geschäftsmodell, das durch die Erfindung des Buchdrucks im 15. Jahrhundert weiter an Beliebtheit gewann. Doch spätestens in der Ära der Aufklärung kam es zum endgültigen Bruch zwischen Astrologie und Astronomie. Die Aufklärung, eine europäische Bewegung im 17. und 18. Jahrhundert, stellte die Vernunft und rationales Denken in den Mittelpunkt. Durch den wissenschaftlichen Fortschritt dieser Zeit konnte man nun ein für alle Mal festhalten: Astrologie ist Humbug.

Moderne Astrologie oder warum dein Sternzeichen lügt

Es ist also nun schon einige hundert Jahre her, dass die Astrologie aus dem Kreis der Wissenschaften verbannt wurde, da sie weder empirische Beweise noch irgendeine plausible Erklärung für ihre Funktionsweise liefern konnte. Das hat Astrolog*innen aber nicht davon abgehalten, ihre »Lehre« weiterzuentwickeln und immer mehr komplizierte Konzepte und Begriffe einzuführen, die dieser Pseudowissenschaft einen seriösen und wissenschaftlichen Touch geben. Neben dem Aszendenten kann man sich zum Beispiel auch seine astrologischen Häuser berechnen lassen. Dabei wird die Ekliptik abhängig von Geburtsort und Geburtszeit in zwölf Abschnitte geteilt. Jedes dieser zwölf Häuser steht für einen bestimmten Lebensbereich und gibt den Astrolog*innen beispielsweise Auskünfte über das Liebes- oder Finanzleben der Klient*innen.

Man darf jedoch nicht glauben, dass es dabei eine einheitliche astrologische Lehre gibt. Es gibt unzählige astrologische »Schulen«, die sich in ihren Berechnungen und Begriffen überhaupt nicht einig sind. In manchen Horoskopen findet man sogar erfundene Objekte wie den »schwarzen Mond« Lilith. Lilith war der Name eines hypothetischen zweiten Erdmondes, dessen Existenz aber nie nachgewiesen werden konnte. Trotzdem blieb Lilith in der Astrologie ein besonderer Punkt in der Mondlaufbahn und wird astrologisch wie ein Planet behandelt (genauso wie Pluto übrigens). Manche Astrolog*innen beziehen auch Asteroiden in das Geburtshoroskop mit ein, andere ignorieren sie völlig. Manche Schulen nehmen nicht die Geburt als Beginn der kosmischen Wirkung, sondern den Zeugungszeitpunkt. Ganz unlogisch ist das nicht, denn der Geburtszeitpunkt lässt sich heute medikamentös oder per Kaiserschnitt verschieben, wodurch sich nach astrologischer Logik die Stellung der Sterne ändert und einem Kind dadurch plötzlich andere Eigenschaften zugeschrieben werden würden. Manche astrologischen Schulen schließen die erst in den letzten Jahrhunderten entdeckten Planeten Uranus und Neptun ein, andere nicht. Und dann gibt es noch chinesische oder indische Astrologie, die sich von der »westlichen« Astrologie völlig unterscheiden. Es ist ein undurchsichtiger Dschungel an unterschiedlichen Zugangsweisen und kaum vertrauenserweckend, wenn sich eine Lehre auf keine gemeinsame Basis einigen kann. Man stelle sich vor, in der Astronomie würde jede Sternwarte ihre Beobachtungen ein bisschen anders berechnen. Eine Sternwarte sagt, der Mars ist rot, die andere meint, er ist orange. Wissenschaftlich wäre das unhaltbar.

Aber abgesehen von der uneinheitlichen Arbeitsweise der Astrologie gibt es noch weitere Probleme mit der Bestimmung der Sternzeichen. Achtung, für alle, die sich stark mit ihrem Sternzeichen identifizieren, kommt jetzt eine bittere Wahrheit: Dein Sternzeichen ist falsch. Auch wenn es noch so gut zu dir passen würde, du hast eigentlich ein völlig anderes Sternzeichen. Oder anders gesagt: Am Tag deiner Geburt stand ziemlich sicher ein anderes Sternbild hinter der Sonne. Wie komme ich auf so eine Behauptung? Ich habe drei astronomisch fundierte Gründe, die dich überzeugen werden, dass du dein Sternzeichen auf deinem Dating-Profil bisher immer falsch ausgefüllt hast.

Grund 1: Das »dreizehnte Sternzeichen« – Der Schlangenträger

Wir alle kennen die zwölf Sternzeichen: Widder, Stier, Zwillinge und so weiter. Alle zwölf Sternzeichen repräsentieren auch reale Sternbilder auf dem Tierkreis. Doch ein Sternbild wurde dabei einfach übergangen. Der Tierkreis umfasst nämlich nicht zwölf, sondern dreizehn Sternbilder. Das »mystische« dreizehnte Sternzeichen wäre eigentlich der Schlangenträger, lateinisch Ophiuchus. Es ist ein sehr ausgedehntes, aber eher unauffälliges Sternbild, das meiner Meinung nach gewisse Ähnlichkeiten mit einem Haus aus einer Kinderzeichnung hat.

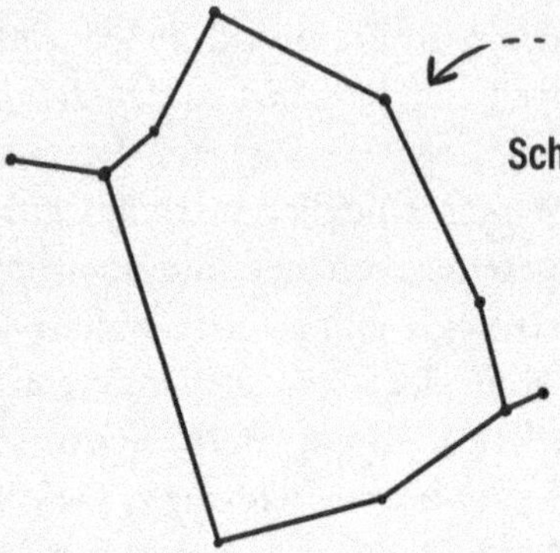

Zwischen Ende November und Mitte Dezember steht dieses alte Sternbild hinter der Sonne. Falls du also zwischen 29. November und 18. Dezember Geburtstag hast: Gratulation, du bist von Sternzeichen Schlangenträger! Der Schlangenträger ist schon mehrere tausend Jahre bekannt, aber passte in der Antike nicht ins astrologische System. Zwölf galt als »schöne«, leicht teilbare Zahl. Schließlich haben wir auch zwölf Monate, zwölf Stunden auf der Uhr und zwölf olympische Götter. Also entschied man sich offenbar, den Schlangenträger zu ignorieren, damit der Tierkreis mathematisch angenehmer und vollkommener bleibt. Und bis heute hält man in der Astrologie an diesem Zwölfer-System fest, obwohl es den realen Gegebenheiten am Nachthimmel eindeutig widerspricht.

Grund 2: Die Tierkreiszeichen sind nicht gleich lang

In der Astrologie ist der Tierkreis fein säuberlich in zwölf gleich lange Abschnitte aufgeteilt. Jeder Abschnitt, also jedes Sternzeichen, umfasst ziemlich genau einen Monat. Klingt fast ein bisschen zu gut, um wahr zu sein. Denn wenn man den Himmel selbst betrachtet, zeigt sich ein ganz anderes Bild. Die tatsächlichen Sternbilder, durch die die Sonne im Laufe eines Jahres wandert, sind sehr unterschiedlich groß. Ein gutes Beispiel ist das Sternbild des Skorpions. Die Sonne hält sich nur sieben Tage in diesem winzigen Sternbild auf. Ganz anders bei der Jungfrau: Sie ist das zweitgrößte Sternbild am ganzen Nachthimmel (nach der Wasserschlange). Die Jungfrau steht ganze 45 Tage hinter der Sonne, also deutlich länger als ein Monat. Zwischen diesen Extremen liegen die anderen Sternbilder, die ebenfalls unterschiedlich lange »von der Sonne durchwandert« werden. Die Idee von zwölf gleich großen Abschnitten ist also ebenfalls eine willkürliche Einteilung, um die Berechnungen zu vereinfachen, und hat nichts mit den tatsächlichen Größen und Positionen der Sternbilder zu tun, die wir am Himmel beobachten können.

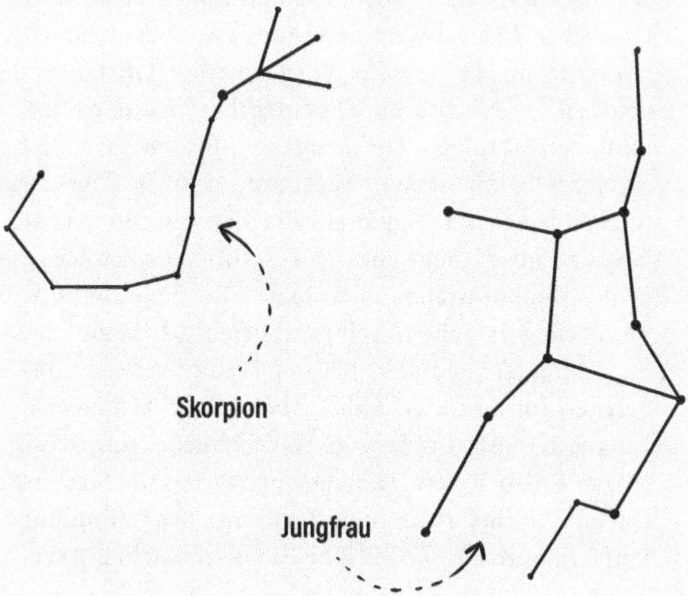

Grund 3: Die Erde wackelt und verschiebt die Sternbilder

Die Astrologie, wie auch viele andere Bereiche der Esoterik, schmücken sich gern mit dem Hinweis, auf »uraltem Wissen« zu beruhen. Doch »alt« bedeutet nicht automatisch »richtig«. Im Gegenteil: Im Fall der Astrologie müsste man ehrlicherweise von »veraltetem Wissen« sprechen. Der astrologische Kalender mit seinen Tierkreiszeichen wurde vor über 3.000 Jahren festgelegt, in einer Zeit, in der man noch glaubte, der Sternenhimmel sei unveränderlich. Doch das stimmt nicht! Der Himmel hat sich seither durch die langsame Taumelbewegung der Erdachse deutlich verschoben und damit auch die Positionen der Sternbilder. Grund dafür ist die sogenannte Präzession der Erde, also die Tatsache, dass die Erde in ihrer Drehbewegung »wackelt«. Man kann sich die Erde wie einen Kreisel vorstellen, dessen Drehachse nicht starr bleibt, sondern in einer Kreisbewegung taumelt. Dieses Wackeln geschieht so langsam, dass die Erde rund 26.000 Jahre braucht, um eine volle »Taumel-Kreisbewegung« zu vollenden. Aber trotzdem macht sich das Wackeln über Jahrtausende deutlich am Nachthimmel bemerkbar. Seit der Entstehung der Astrologie vor über 3.000 Jahren hat sich die Erdachse bereits so weit verändert, dass die Tierkreiszeichen heute um ein ganzes Zeichen verschoben sind. Das sind gute Nachrichten für Zwillinge wie mich, die in der popkulturellen Astrologie als »das schlimmste Sternzeichen« gelten. Wir sind eigentlich keine Zwillinge, sondern standen bei der Geburt astronomisch gesehen im Sternbild Stier! Aber schlechte Nachricht für die Krebse: Ihr seid in Wirklichkeit keine sensiblen, gefühlsbetonten »Beschützerwesen«, sondern nach astronomischer Rechnung Zwillinge. Also kommunikativ, flatterhaft und entscheidungsschwach. Sorry!

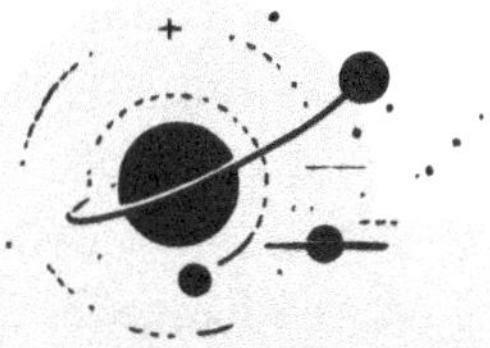

»Astronomisch korrekte Sternzeichen«*

Steinbock (Capricornus):
20. Januar bis 16. Februar
Wassermann (Aquarius): 16. Februar bis 12. März
Fische (Pisces): 12. März bis 18. April
Widder (Aries): 18. April bis 13. Mai
Stier (Taurus): 13. Mai bis 21. Juni
Zwillinge (Gemini): 21. Juni bis 20. Juli
Krebs (Cancer): 20. Juli bis 9. August
Löwe (Leo): 10. August bis 16. September
Jungfrau (Virgo): 16. September bis 30. Oktober
Waage (Libra): 31. Oktober bis 22. November
Skorpion (Scorpius):
23. November bis 29. November
Schlangenträger (Ophiuchus):
29. November bis 18. Dezember
Schütze (Sagittarius): 18. Dezember bis 20. Januar

* Die Intervalle verschieben sich von Jahr zu Jahr ein wenig. Unabhängig davon ist »Sternzeichen« ein astrologischer Begriff, kein astronomischer.

Wenn wir über Sternbilder sprechen, dürfen wir eines nicht vergessen: Sternbilder sind keine echten zusammenhängenden Objekte, sondern von uns Menschen erdachte Muster am Himmel. Manche dieser Assoziationen sind recht gut nachvollziehbar, wie etwa der bereits erwähnte Skorpion. Andere hingegen erfordern doch eine ganze Menge Fantasie. Das wohl minimalistischste Sternbild ist der »Chemische Ofen«, ein Sternbild der Südhalbkugel, das gerade einmal aus zwei Sternen besteht. Wer darin einen chemischen Ofen erkennt, hätte vermutlich auch bei den Tintenkleckstests die besten Antworten.

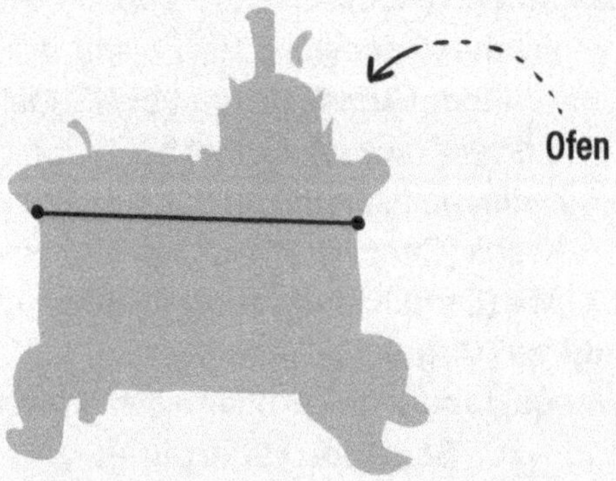

Die Sterne, die wir zu Sternbildern verbinden, haben also in Wirklichkeit nichts miteinander zu tun. Würden wir von einem weit entfernten Stern aus in den Himmel schauen, würden die Sternbilder völlig anders aussehen, einfach weil sich unser Blickwinkel verändert. Der kleine Skorpion könnte dann plötzlich wie eine Kuh wirken oder Orion wie ein abstraktes Kunstwerk. Meist liegen die Sterne in einem Sternbild viele Lichtjahre voneinander entfernt und erscheinen uns nur durch unsere Perspektive von der Erde aus dicht beieinander. So entstehen willkürliche Muster, die

Menschen mit viel Fantasie zur Orientierung am Himmel genutzt haben. Erst zu Beginn des 20. Jahrhunderts hat man sich überhaupt international auf ein einheitliches und verbindliches System geeinigt. Um dem Wildwuchs an Sternbildern entgegenzuwirken, beschloss die Internationale Astronomische Union (IAU) 1928 die exakten Grenzen und Namen unserer heute offiziellen 88 Sternbilder. 48 von ihnen sind antike Sternbilder, wie Cassiopeia oder die Tierkreiszeichen. Die restlichen 40 Sternbilder stammen aus der Neuzeit und haben klingende Namen wie Luftpumpe (Antlia) oder Mikroskop (Microscopium). Aber alle Sternbilder orientierten sich an europäischen Himmelskarten und ließen asiatische, indigene oder arabische Sternbildtraditionen außen vor. Besonders die chinesische Astronomie war hochentwickelt und hatte ein ganz eigenes System von über 280 Sternbildern, die keinerlei Ähnlichkeiten mit den westlichen haben. Mein liebstes Sternbild ist übrigens, ganz altmodisch, der Orion. Genauer gesagt sein Gürtel, dessen drei markante Sterne in Südamerika sogar einen eigenen Namen bekommen haben: »Tres Marías«, die drei Marien.

Mercury in retrograde – Das böse Omen

Vielleicht bist du auf Social Media auch schon einmal über Warnungen vor der »Mercury Retrograde« gestolpert, den Phasen im Jahr, in denen sich Merkur scheinbar »rückwärts« am Himmel bewegt. In der Astrologie steht der Planet Merkur für Kommunikation, und so heißt es, in dieser Zeit muss man sich vor Missverständnissen, Pannen bei Reisen und technischen Problemen in Acht nehmen. Also keine gute Zeit, um wichtige Entscheidungen zu treffen oder auf erste Dates zu gehen.

Und tatsächlich zieht der Merkur drei- bis viermal pro Jahr Schleifen am Himmel, die für das astronomisch ungeschulte Auge so aussehen, als würde er sich rückwärts bewegen. Wenn ein Planet mitten im All einfach so seine Richtung ändern würde, wäre das auch wirklich beängstigend. Doch ich kann beruhigen: Heute wissen wir, dass Merkur sich natürlich immer in derselben Richtung um die Sonne bewegt. Die Schleifen am Himmel entstehen allein durch unsere Perspektive und sind das Ergebnis von planetaren Überholmanövern. Wenn der schnellere Merkur die Erde überholt, entsteht aus unserer Sicht der Eindruck, als würde er sich kurz rückwärts bewegen. Diese optische Täuschung der Planetenschleifen können wir auch bei den anderen Planeten beobachten. Auch wenn der rückläufige Merkur nur eine Illusion ist, einen Effekt hat er schon, nämlich einen psychologischen. Eine Studie hat gezeigt, dass die Rendite am Aktienmarkt in dieser Zeit niedriger sind, da spirituelle Menschen dem Finanzmarkt aus Angst fernbleiben. Damit beeinflussen sie wiederum den Wert von Aktien, eine klassische selbsterfüllende Prophezeiung. Dieses Prinzip begegnet uns aber nicht nur beim rückläufigen Merkur, sondern auch bei vielen anderen Mythen. Viele davon ranken sich um den Himmelskörper, der uns am nächsten ist, den Mond.

Mythos Mond

Selbst Menschen, die der Astrologie nichts abgewinnen können, sind oft überzeugt, dass vom Mond jedoch eine besondere Wirkung ausgeht. Immer wieder hört man die Behauptung, bei Vollmond würden Menschen »durchdrehen«, gefolgt von Anekdoten aus chaotischen Nächten in Notaufnahmen und Kreißsälen.

Doch was ist dran an den Mythen rund um den Mond? Welchen Einfluss hat er auf uns? Fakt ist, dass die wunderschöne Silberkugel am Himmel die Menschheit seit jeher fasziniert und inspiriert hat. Kein Wunder, dass unser Mond im Lauf der Geschichte zur Projektionsfläche für unzählige Mythen und Aberglaube wurde. Lange Zeit war man sich sicher, dass der Mond den menschlichen Geist beeinflussen und bei Vollmond Wahnsinn auslösen kann. Der Begriff »lunatic« leitet sich aus dem lateinischen »luna« (Mond) ab und hieß in der ursprünglichen Bedeutung »mondkrank«. Auch heutzutage erfreuen sich Mondkalender und Mondbücher großer Beliebtheit. Sie behaupten, auf »jahrhundertealtem Bauernwissen« zu beruhen. Da haben wir es wieder, das »uralte Wissen«. Zum einen ist altes Wissen sicherlich kein automatisches Qualitätskriterium, schließlich hat man früher auch Syphilis mit giftigem Quecksilber behandelt. Und zum anderen handelt es sich bei diesen Mondkalendern um kein altes Bauernwissen, sondern eher um zusammengewürfelte und sich teils widersprechende Deutungen, die stark vom astrologischen Kalender beeinflusst sind.

Doch bevor wir zu den Mythen kommen, beginnen wir bei den Punkten, wo eine Wirkung des Mondes tatsächlich wissenschaftlich gesichert ist. Am eindrucksvollsten zeigt sich seine Wirkung bei den Gezeiten, deren Schauspiel wir bei jedem Strandurlaub bewundern können. Ebbe und Flut entstehen durch die Gravitationskraft des Mondes auf die riesigen Wassermassen der Erde. Dass wir Menschen auch zu einem großen Teil aus Wasser bestehen, bedeutet dagegen nicht, dass der Mond auch auf uns eine spürbare Gravitationskraft ausübt. Gravitation hängt neben der Entfernung auch von den Massen zweier Objekte ab. Je größer die Massen, desto stärker die Anziehung. Die Ozeane und Meere sind unvorstellbar groß, allein das Mittelmeer enthält rund 4,3 Millionen Kubikkilometer Wasser. Verglichen damit sind wir Menschen mit durchschnittlich 70 Kilogramm winzig, und entsprechend verschwindend gering ist die Anziehungskraft des Mondes auf uns. Rechnet man nach, übt sogar eine Mücke auf unserem Oberarm mehr Anziehungskraft auf uns aus als der Mond. Nur dass sie statt Ebbe und Flut eher Juckreiz verursacht.

Es gibt aber Tiere, deren Verhalten tatsächlich mit dem Mondlicht zusammenhängt. Meeresschildkröten nutzen das Mondlicht, um sich nach dem Schlüpfen zu orientieren. Durch die Spiegelung des Mondes auf dem Wasser finden die Babys sicher in den Ozean. Künstliche Lichtquellen von Hotels oder Strandbars können diesen angeborenen Instinkt jedoch stören und die Schlüpflinge in die Irre führen. Um sie vor dieser gefährlichen Verwirrung zu schützen, werden in vielen Gebieten spezielle »schildkrötenfreundliche Beleuchtungssysteme« eingesetzt (eher weiches oranges Licht). Es geht bei ihrem Instinkt also ausschließlich um die Helligkeit und nicht um eine besondere Strahlung des Mondes. Denn Mondlicht ist nichts anderes als reflektiertes Sonnenlicht, weder magisch noch grundlegend anders als das Licht, das wir tagsüber sehen. Und man darf dabei nicht vergessen: Der Mond selbst verändert sich im Laufe des Monats überhaupt nicht. Es werden lediglich unterschiedliche Teile seiner Oberfläche beleuchtet. Es gibt also keinen Grund, warum die jeweilige Mondphase einen unterschiedlichen Einfluss auf uns haben sollte. Aber sehen wir uns trotzdem einige der bekanntesten Mondmythen im Detail an.

- **»Man schläft bei Vollmond schlechter«**
  Viele sind überzeugt, dass sie bei Vollmond schlechter schlafen. Dieser Effekt konnte in den meisten Schlafstudien nicht beobachtet werden. In Wahrheit ist es

ein klassischer Fall von selektiver Wahrnehmung: Wir erinnern uns einfach stärker an unruhige Nächte bei Vollmond als an erholsame. Hinzu kommt die selbsterfüllende Prophezeiung: Wer abends denkt »Heute ist Vollmond, da werde ich schlecht schlafen«, hat oft tatsächlich eine unruhige Nacht.

- **»Vollmond macht uns verrückt«**
  Immer wieder berichten Krankenhauspersonal oder Einsatzkräfte, dass es an Vollmondnächten besonders wild zugeht. Wenn man sich die realen Statistiken ansieht, gibt es jedoch weder mehr Straftaten noch mehr Unfälle in Vollmondnächten (auch nicht am Freitag, den Dreizehnten). Hier wirkt ebenfalls die selektive Wahrnehmung. Die chaotischen Vollmondnächte bleiben mehr im Gedächtnis, da sie in unsere Erwartungshaltung passen. Die ruhigen werden gleich wieder vergessen.

- **»Mehr Geburten bei Vollmond«**
  Hebammen berichten manchmal von eigenen Aufzeichnungen, die zeigen, dass an Vollmondnächten mehr Babys geboren werden. Doch eine der größten Untersuchungen, durchgeführt an der Universität Halle-Wittenberg mit über vier Millionen Geburten, zeigte, dass es keinerlei Zusammenhang zwischen Mondphasen und Geburtenrate gibt.

- **»Mondphasen und Menstruation«**
  Häufig hört man, dass die weibliche Menstruation in enger Verbindung mit den Mondphasen stehe. Der Gedanke liegt nahe, weil ein Zyklus im Durchschnitt etwa 28 Tage dauert, also ähnlich lang wie ein Mondzyklus. Das ist jedoch reiner Zufall. Eine Menstruations-App hat über 7,5 Millionen Zyklen analysiert und keinen Einfluss der Mondphasen gefunden.

- **»Mondphasen für Landwirtschaft, Bäume oder Gartenarbeit«**
  Mondkalender empfehlen den »richtigen Zeitpunkt« fürs Pflanzen, Ernten oder das Fällen von Bäumen. Auch das wurde schon mehrfach untersucht und konnte nie bestätigt werden. Schließlich ist Mondlicht nichts anderes als reflektiertes Sonnenlicht. Ob die Karotte wächst oder nicht, hängt nun mal eher von Wetter, Jahreszeit und Bodenbeschaffenheit ab als vom Mond, der am Himmel leuchtet.

- **»Bei Vollmond sollte man keine Operation machen lassen«**
  Esoterische Ratgeber raten davon ab, planbare Eingriffe bei Vollmond durchzuführen, da angeblich das Risiko für Blutungen und Komplikationen höher sei. Stattdessen wird der abnehmende Mond empfohlen, weil er mit Entleerung und Heilung assoziiert wird, während der zunehmende Mond für Wachstum und Aufbau stehen soll. In diese Logik passen auch Tipps fürs Haareschneiden. Doch rund 30 empirische Studien haben gezeigt: Die Mondphase hat keinen Einfluss auf Operationsergebnisse.

Manche Mondmythen und Horoskope mögen harmlos und eher unterhaltsam sein, beim Haareschneiden oder Gärtnern spielt es keine Rolle, ob man an sie glaubt oder nicht. Doch bei medizinischen Eingriffen oder großen Lebensentscheidungen kann ein solcher Aberglaube gefährlich werden. 1966 kam es in Japan zu einer ungewöhnlich hohen Abtreibungsrate von weiblichen Embryos, da die Sterne im Jahr des Feuerpferdes besonders schlecht für Mädchen standen. Sie würden, so die astrologische Deutung, zu temperamentvollen und herrschsüchtigen Frauen heranwachsen. Ein extremes Beispiel, das jedoch zeigt, wie tief solche Überzeugungen in das Leben eingreifen können.

Obwohl die Fakten längst das Gegenteil beweisen, halten sich Mythen und Astrologie hartnäckig. Warum ist das so? Wenn es um Horoskope in Zeitschriften oder auch von »professionellen« Astrolog*innen geht, spielt vor allem der sogenannte Barnum-Effekt eine Rolle. Er beschreibt, dass Aussagen so vage und allgemein formuliert sind, dass sich jeder und jede darin wiederfinden kann. Der Begriff geht auf den amerikanischen Zirkusdirektor Phineas Barnum zurück, dessen Zirkusmotto »A little something for everybody« lautete. Und so ist es auch bei den Horoskopen. Sie enthalten typische Sätze wie: »Sie neigen manchmal dazu, zu selbstkritisch zu sein.« Wer könnte das nicht unterschreiben? Eine französische Studie zeigte die Wirkung dieses Barnum-Effekts besonders eindrücklich: Der Psychologe Gauquelin erstellte für 150 Personen ein angeblich ganz persönliches Horoskop. Und tatsächlich meinten 90 % der Proband*innen, dass die Beschreibung sehr zutreffend sei. Was sie jedoch nicht wussten, war, dass alle denselben Text bekommen haben: das Geburtshoroskop eines bekannten französischen Serienmörders. Wenig schmeichelhaft, aber auch verständlich, da Horoskope fast immer sehr positiv formuliert sind und es uns dadurch leicht machen, uns darin wiederzufinden. Sie bedienen unser Bedürfnis, uns selbst im besten Licht zu sehen. Zusammen mit Confirmation Bias (die selektive Wahrnehmung der Dinge, die unsere Erwartungen bestätigen) und der selbsterfüllenden Prophezeiung wird klar, warum selbst kritische Menschen hin und wieder auf diese Geschichten hereinfallen. Doch am Ende bleiben die Erzählungen rund um Sternzeichen und Mond vor allem eines: moderne Märchen, nach denen wir unser Leben besser nicht ausrichten sollten.

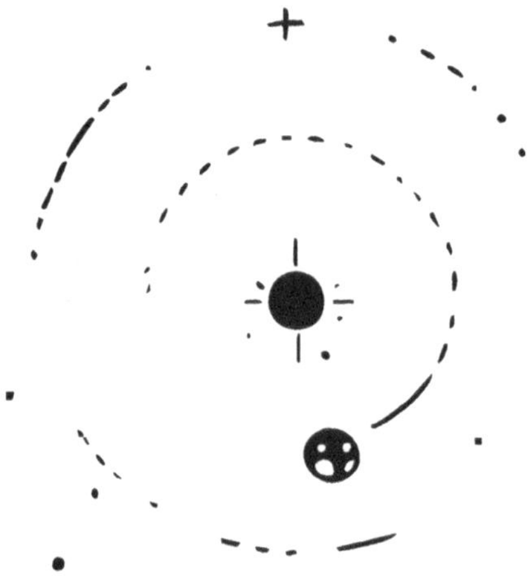

Exoplaneten-forschung

Jana

Wusstest du, dass die Vorstellung, dass andere Sterne als die Sonne ebenso Planeten haben, einst in der astronomischen Forschung fast genauso belächelt wurde wie die Ideen der Astrologie?

Elka

Wieso das denn?

Jana

Naja, man hat halt lang keine gefunden. Und wir Menschen mit unserem Sonnensystem und den vielen Planeten darin wollen eben immer was Besonderes sein.

Eva

Und? Sind wir was Besonderes?

Jana

Nö. Heute wissen wir, wir sind wirklich nichts Besonderes ... Und das ist viel aufregender, als wenn wir es wären!

Man kennt das ja, aus der Schule, aus der Uni, aus Fortbildungen und Vorträgen: Manchmal kann das ziemlich einschläfernd sein. Die Luft ist warm und irgendwie dick, es ist halb drei Uhr am Nachmittag und vorne steht jemand, der in monotonem Rhythmus etwas erzählt, erklärt oder vorrechnet. Die schweren Lider sind nicht immer eine Geringschätzung des Vortragenden oder des Materials. Manchmal hat das eigene Gehirn einfach genug. Dann wird der Drang, den Kopf in die verschränkten Arme auf der Tischplatte sinken zu lassen und nur ein paar Minuten die Augen auszuruhen, übermannend. Wenn man aus so einem Gefühl, einer intellektuellen Lethargie, plötzlich herausgerissen wird, nur durch ein Thema, das von der monotonen Stimme neu angerissen wird, dann sollte man sich das ganz genau merken. Wenn man, eben noch tief in den Stuhl gesunken und mit halb geöffneten Augen, plötzlich kerzengerade auf der Stuhlkante sitzt und jedes gesprochene Wort aufsaugt wie ein ausgetrockneter Schwamm, dann hat man es gefunden: ein Leidenschaftsthema.

So ging es mir, etwa im vierten Semester des Physik-Grundstudiums. Ich saß in irgendeiner Vorlesung, es war später Nachmittag, der Saal war halbleer und meine Aufmerksamkeit schwamm irgendwo zwischen der bekritzelten Bank und einer Traumlandschaft aus weichen Kissen und Belanglosigkeit. Bis zu dem Moment, in dem der Dozent vor der altmodischen Tafel begann, einen kurzen thematischen Ausflug zu wagen. Er erzählte von Exoplaneten. Von Planeten außerhalb des Sonnensystems, von ihren vielseitigen Zusammensetzungen, von den Möglichkeiten, die sie offenbaren, von ihren Merkwürdigkeiten und den Rätseln, die sie uns seit über zwanzig Jahren aufgeben. Ich spitzte die Ohren und wollte immer mehr wissen. Wie häufig sind Exoplaneten? Gibt es solche, die so ähnlich sind wie die Erde, vielleicht sogar mit Leben darauf? In kaum zehn Minuten war mein gesamter Zukunftsplan umgeworfen worden. Ich hatte eigentlich begonnen, Physik zu studieren, um Neurowissenschaftlerin zu werden. Doch in diesem Moment wusste ich: Es musste

Astrophysik werden. Ich musste dahin, wo ich noch mehr über dieses wunderbare Thema erfahren konnte. Es hat mich seitdem nicht mehr losgelassen.

Planeten außerhalb des Sonnensystems

Was war es, das mich an Exoplaneten so faszinierte? Was sind Exoplaneten? Die Vorsilbe »exo« kommt aus dem Griechischen und bedeutet so viel wie »außen«. Exoskelett, exotisch, Exorzismus. Alles Worte, die etwas »von außen« oder »nach außen« beschreiben. Das lateinische Äquivalent dazu ist das Wort »extra«. Extrahieren, extravagant, extraordinär. Diese beiden Silben kommen auch in der Astronomie ständig vor. Häufig werden dort beispielsweise Dinge als »extraterrestrisch« beschrieben, also »außerhalb der Erde«. »Extraterrestrisches Leben« ist demnach eine professionelle Umschreibung für das, was wir umgangssprachlich als »Aliens« kennen. »Extrasolar« beschreibt Dinge, die nicht zum Sonnensystem gehören. Und »Exoplanet«, manchmal auch »extrasolarer Planet«, ist die Bezeichnung für Planeten, die sich nicht im Sonnensystem befinden. Dieser Satz ist allerdings streng genommen ein Widerspruch. Laut der Definition der Internationalen Astronomischen Union von 2006 muss ein Himmelskörper folgende Kriterien erfüllen, um als Planet zu gelten: Er muss rund sein, seine Bahn von anderen Objekten freigeräumt haben und außerdem um die Sonne kreisen. Die Sache mit der freigeräumten Bahn kostete damals Pluto seinen Planetenstatus. Er ist nämlich Teil des Kuipergürtels, einer Region hinter der Neptunbahn, die aus tausenden eisigen Körpern besteht, manche davon sogar mit mehr Masse als Pluto. Für die Exoplanetenforschung ist natürlich die Sache mit dem Orbit um die Sonne ein Problem. Die Definition der IAU gilt per se nur für Planeten innerhalb des Sonnensystems. Man könnte sie also in allen anderen Belangen getrost ignorieren, aber das Eigenartige ist, dass es keine weitere offizielle Definition für Planeten außerhalb des Sonnensystems gibt. Man könnte den Punkt mit dem solaren Orbit schlicht ersetzen mit der Forderung, Planeten, egal wo, müssen um einen Stern kreisen. Aber auch das greift zu kurz, wie ich im Kapitel »Sternlose Welten« noch ausführen werde. Viele Forscher*innen fordern heute eine neue, universelle Definition für Planeten, ob »exo« oder nicht. Man überlegt, feste Begrenzungen für die Masse aufzustellen, innerhalb derer sich alle Planeten befinden müssen. Nach unten hin zieht man die Grenze so, dass Planeten genug Masse haben müssen, um rund zu sein und nicht kartoffelförmig wie die meisten Asteroiden oder Kometen. Nach oben hin ist die Grenze so gewählt, dass Planeten nicht, im Gegensatz zu Sternen, von selbst leuchten. Sie strahlen zwar, wie praktisch jedes Objekt im Universum, Wärme ab und können Licht reflektieren, aber mehr auch nicht.

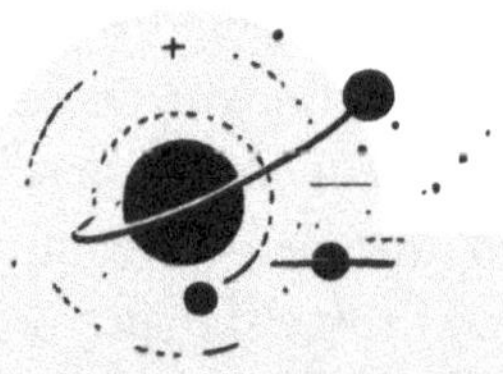

Was macht einen Stern zum Stern?

Sterne sind gewaltige Kugeln aus Gas, größtenteils aus Wasserstoff. Sie werden unter der Gravitationskraft ihrer eigenen Masse so stark zusammengedrückt, dass in ihrem Inneren extreme Druckverhältnisse und Temperaturen über 10 Millionen Grad Celsius entstehen. Dafür braucht eine solche

Gaskugel mindestens etwa 80 Jupitermassen, was gut 8 % der Masse der Sonne entspricht.

Unter derartigen Druck- und Temperaturverhältnissen im Kern setzt die sogenannte »Kernfusion« ein: Wasserstoffkerne, also positiv geladene Protonen, werden so stark zusammengedrückt, dass sie ihre elektrische Abstoßung überwinden und über wenige Zwischenstadien hinweg zu Heliumkernen, mit zwei Protonen und zwei Neutronen im Kern, verschmelzen. In der Sonne beispielsweise läuft dieser Vorgang meistens mit der »Proton-Proton-Kette« ab, wo aus vier Protonen jeweils ein Heliumkern entsteht. Bei jeder dieser Reaktionen werden etwas mehr als vier Pikojoule, also vier Billionstel Joule, frei. Das ist für sich betrachtet ein winziger Energiebetrag, allerdings fusionieren im Kern der Sonne pro Sekunde etwa 600 Millionen Tonnen Wasserstoff zu Helium. Wären wir Menschen technisch dazu in der Lage, Fusionskraftwerke zu betreiben, dann könnte man aus nur einem Gramm Wasserstoff etwa Millionen Mal mehr Energie gewinnen als aus der Verbrennung der gleichen Menge Benzin. Das macht deutlich, weshalb die Meisterung der künstlichen Fusion hier auf der Erde solch große Bedeutung trägt. Aber es braucht dafür nun mal Verhältnisse wie im Inneren eines Sterns.

Die freiwerdende Energie aus der Wasserstofffusion drückt gegen die Gravitation der Masse der Gaskugel und sorgt für ein Gleichgewicht: Der Stern bleibt stabil und kollabiert nicht unter seinem eigenen Gewicht. Außerdem sucht sich diese Energie als Strahlung den Weg durch die stellaren Schichten und sorgt dafür, dass Sterne auf ganzer Bandbreite von allein leuchten. Wenn wir nachts in den Sternenhimmel sehen oder tagsüber in die Sonne blinzeln, dann werden wir Zeugen der gewaltigen Macht der Kernfusion. Denn erst diese macht einen Stern zum Stern.

Von Sternen überstrahlt

Über lange Zeit hinweg war die Definition für Planeten außerhalb des Sonnensystems überhaupt nicht von Bedeutung. In großen Teilen der Forschung galt die Existenz von Planeten um andere Sterne als ungesichert und wurde eher skeptisch behandelt. Teils, weil man sie nach damaligen Theorien als seltene Zufallsprodukte der Sternentstehung ansah, teils, weil es an zuverlässigen Nachweismethoden mangelte. Heute wirkt das fast ignorant in Anbetracht der Tatsache, dass wir in unserem eigenen System acht, damals offiziell sogar noch neun, Planeten finden. Wieso sollten wir die Ausnahme sein? Diese Frage ist zentral in der Astronomie und in sämtlichen Fachbereichen erhalten wir immer wieder aufs Neue dieselbe Antwort: Wir, egal ob die Erde, das Planetensystem oder die Sonne selbst, sind eben nichts Besonderes.

Das mag zunächst ernüchternd klingen, aber wenn man über die Möglichkeiten nachdenkt, die diese Erkenntnis zum Beispiel in Bezug auf fremde Planeten eröffnet, ist das ganz besonders großartig. Wir müssen uns nur die Vielfalt ansehen, die allein in unserem Planetensystem vorhanden ist. Die Sonne ist ein Stern von gut hundert Milliarden innerhalb der Milchstraße. Und die Milchstraße ist nur eine Galaxie von vielen. Wenn Planeten um Sterne nicht die Ausnahme, sondern die Regel sind, dann eröffnet das unglaubliche

Möglichkeiten. Für planetare Forschung, für die Suche nach Leben, für die Erweiterung unseres Verständnisses des Universums. Aber bis in die 1990er Jahre hinein war Exoplanetenforschung eine Nische. Selbst wenn solche Planeten existieren, so hieß es oft in Fachkreisen, wie soll man sie dann überhaupt finden? Der Einwand ist berechtigt. Planeten haben die für neugierige Erdlinge unangenehme Eigenschaft, sehr nah an Sternen zu stehen. Diese überstrahlen alles in ihrer Umgebung, man kann nicht einfach mit einem Teleskop draufgucken und die klitzekleinen Planeten im Umlauf eines Lichtjahre entfernten Sterns beobachten. In das Volumen der Sonne, unseres Heimatsterns, würden über eine Million Erden hineinpassen. Selbst der größte Planet im System, Jupiter, passt über tausend Mal in unseren Stern. Etwa 99,8 % der gesamten Masse unseres gesamten Systems, inklusive aller Planeten, Kometen, Asteroiden und so weiter, stecken in der Sonne. Und die anderen Sterne, selbst unsere nächsten Nachbarn, sind so weit entfernt, dass sie nur noch als Punktquelle an unserem Himmel auftauchen. Wie will man also neben ihnen die fitzeligen, deutlich massearmeren, dunklen Planeten finden?

Es gibt tatsächlich mehrere Möglichkeiten, aber zwei davon haben sich in der Vergangenheit und auch heute noch als besonders erfolgreich erwiesen.

Spurensuche im Sternenlicht

Das heliozentrische Weltbild ist einer der großen Sprünge, die wir Menschen über unsere eigenen Schatten tätigten. Es setzt die Sonne – und nicht die Erde – ins Zentrum unseres Systems. Die Akzeptanz des heliozentrischen Weltbilds ist ein erster Schritt in Richtung der Erkenntnis, dass sich buchstäblich nicht alles um uns dreht (bis heute tun sich manche Leute mit dieser Vorstellung noch immer ziemlich schwer). Die Erde ist einer von acht Planeten, die in fast perfekten Kreisbahnen um die Sonne ziehen. Dass unser Stern und nicht einer der Planeten in der Mitte liegt, hat den einfachen Grund, dass die Sonne, wie bereits erwähnt, mit großem Abstand das massereichste Objekt im System ist. Ihre Gravitationskraft, die stets direkt im Zusammenhang mit der Masse steht, ist im Sonnensystem bei Weitem die größte. Und doch ist die gängige Darstellung von der statischen Sonne im Zentrum und den Planeten, die um ihren Mittelpunkt kreisen, streng genommen fehlerhaft. Nur weil die Sonne die bei Weitem größte Anziehungskraft ausübt, bedeutet das nicht, dass die Planeten nicht ebenfalls Einfluss haben. Die Sonne zieht die Erde an und zwingt sie auf ihre Bahn um sie herum. Aber die Erde zieht auch an der Sonne. Die Erde hat Masse und jedes Objekt mit Masse übt Gravitation aus. Selbst ein Mensch. Oder eine Stecknadel. Natürlich kann eine Stecknadel mit ihrem minimalen Gravitationsfeld nicht plötzlich Dinge bewegen, aber die Erde ist massereich genug, um minimalen Einfluss auf die Bewegung der Sonne zu haben. Tatsächlich kreisen weder die Erde noch Jupiter, Saturn oder der Rest der Planeten wirklich um den Mittelpunkt der Sonne. In Wahrheit bewegt sich alles um den gemeinsamen Schwerpunkt, das sogenannte Baryzentrum. Für ein Planet-Stern-System liegt dieser Punkt oft tief im Inneren des Sterns, manchmal aber auch außerhalb, je nachdem, wie groß der Massenunterschied ist. Im Fall der Erde ist die Sache recht unspektakulär. Die Erde ist etwa 330.000-mal leichter als die Sonne. Ihr Baryzentrum liegt daher nicht außerhalb der Sonne, sondern nur etwa 450 Kilometer vom Sonnenmittelpunkt entfernt. Die Sonne »wackelt« dadurch leicht, aber die Auslenkung ist winzig. Würde nur die Erde um die Sonne kreisen, dann würde diese dadurch nur eine winzige Kreisbewegung ausführen und sich dabei mit etwa 10 Zentimeter pro Sekunde bewegen. Aber es gibt ja noch die anderen Planeten des Sonnensystems, zum Beispiel Jupiter. Seine Masse reicht aus, um eine deutlich größere und schnellere Bewegung der Sonne zu verursachen. Durch Jupiters Gravitation taumelt die Sonne bereits mit einer Geschwindigkeit von 12 bis 13 Meter pro Sekunde im Kreis. Da alle acht Planeten gleichzeitig auf unseren Stern einwirken, ergibt sich für die Sonne in Wahrheit eine komplexe Überlagerung solcher Bewegungen. Ein kleines, aber messbares »Torkeln« im Raum, das im Wesentlichen durch Jupiter dominiert wird, aber auch von Saturn, Uranus, Neptun und zu einem viel kleineren Teil von Erde und den inneren Planeten beeinflusst ist. Und genau dieses Wackeln, die Bewegung der Sonne um das gemeinsame Baryzentrum, ist der Schlüssel für eine der wichtigsten Methoden zur Entdeckung von Exoplaneten: die sogenannte Radialgeschwindigkeitsmethode.

Trägt ein ferner Stern Planeten und ist die Bewegungsebene dieser Planeten so ausgerichtet, dass der Stern sich durch die ausgelöste Kreisbewegung regelmäßig auf uns zu und wieder von uns wegbewegt, dann können wir das heute tatsächlich messen. Dabei muss man sich vor Augen führen, dass Planeten, selbst wenn es Gasriesen wie Jupiter sind, höchstens Fußgängergeschwindigkeiten bei ihren Sternen auslösen. Es handelt sich fast nie um mehr als einige zehn Meter pro Sekunde, je nach Masse des Sterns, des Planeten und ihrem Abstand zueinander. Der Stern verrät sein planetar ausgelöstes Wanken durch sein Licht. Licht ist eine sogenannte elektromagnetische Welle und hat folglich immer eine Wellenlänge. Rotes Licht hat besonders lange Wellenlängen, blaues Licht besonders kurze. Mehr zu diesem Thema findet ihr im Kapitel »Sternfarben«. Nun verhält es sich mit Licht von bewegten Quellen ähnlich wie mit Schall von bewegten Quellen. Wenn ein Krankenwagen mit heulender Sirene auf uns zufährt, klingt der Ton höher; sobald er an uns vorbeigerast ist und sich entfernt, klingt er plötzlich tiefer. Dieses Phänomen nennt man »Dopplereffekt«. Während sich die Schallquelle auf uns zubewegt, werden die Wellen zusammengedrückt. Sie erreichen uns in kürzeren Abständen, also mit höherer Frequenz. Entfernt sich die Quelle, werden die Wellen auseinandergezogen, ihre Frequenz sinkt, und der Ton wird tiefer. Genau das Gleiche passiert auch mit Lichtwellen. Bewegt sich ein Stern auf uns zu, werden die Wellenlängen seines Lichts gestaucht. Das Licht verschiebt sich ein Stück ins Blaue. Entfernt er sich von uns, werden die Wellen gestreckt. Das Licht erscheint etwas röter. Diese Verschiebungen sind winzig, aber mit empfindlichen Instrumenten messbar. Heute können Forschende aus der Art und Weise dieser sogenannten Blau- beziehungsweise Rotverschiebung genau ablesen, wie schnell sich ein solcher Stern auf seiner meist sehr kleinen Kreisbahn bewegt. In Kombination mit der Masse des Sterns kann man daraus wiederum berechnen, wie viel Masse dort noch im System sein muss, die an diesem Stern zerrt. So enttarnt man Exoplaneten, ohne sie direkt zu sehen. Sie ziehen an ihrem Stern und diese minimale Bewegung können Menschen heute einfangen. Eine bombastische Leistung, die bereits mit dem Nobelpreis für Physik geehrt wurde. Denn genau mit dieser Methode fanden zwei Forscher, Michel Mayor und Didier Queloz, den allerersten ordentlichen Exoplaneten im Jahr 1995: 51 Pegasi b.

Dieser Fund verursachte damals nicht nur Wirbel aufgrund der Tatsache, dass überhaupt Planeten außerhalb des Sonnensystems nachgewiesen wurden. Er stellte auch direkt unsere gesamte Vorstellung von Planetenentstehung auf den Kopf. 51 Pegasi b kreist im Sternbild Pegasus in knapp 48 Lichtjahren Entfernung um einen sonnenähnlichen Stern und ist etwa halb so schwer wie Jupiter. So weit, so gut. Doch das Unglaubliche ist, dass 51 Pegasi b für eine Runde um seinen Stern, was auf der Erde bekanntermaßen ein Jahr dauert, kaum mehr als 4 Tage braucht. Er steht ihm also deutlich näher als Merkur der Sonne, und das als jupiterähnlicher Gasplanet! Es gibt gute Gründe, weshalb im Sonnensystem die Gasplaneten die äußeren Umlaufbahnen bevölkern: Planeten entstehen aus den Gas- und Staubscheiben, die sich um junge Sterne sammeln. Diese Scheiben sind keilförmig, das bedeutet, sie werden nach außen hin immer dicker. Innen in diesen Scheiben ist schlicht nicht genügend Material vorhanden, um gewaltige Gasplaneten aufzubauen, daher beobachten wir im Sonnensystem die felsigen Planeten mit fester Oberfläche innen und die großen Gasriesen wie Jupiter und Saturn weiter draußen. Wie kann 51 Pegasi b also so nah an seinem Stern stehen? Dort kann er doch unmöglich entstanden sein! Oder etwa doch?

51 Pegasi b war nur die Spitze des Eisbergs. Nach seiner Entdeckung folgten bald immer mehr Exoplaneten. Und wir fanden zahlreiche, die 51 Pegasi b ganz ähnlich waren. Gasriesen, so groß wie Jupiter oder sogar noch größer, die in unglaublicher Nähe zu ihrem Stern kreisen. Wir gaben dieser neuen Planetenkategorie auch einen Namen: heiße Jupiter. Da wir inzwischen so viele davon gefunden haben, muss es einen gängigen Mechanismus geben, der diese Sorte Planeten entstehen lässt und sie so nah an ihrem Stern platziert. Heute gehen wir davon aus, dass heiße Jupiter ursprünglich viel weiter außen in ihren Systemen entstehen, dort, wo genügend Material vorhanden ist. Durch gravitative

Instabilitäten wandern sie schließlich irgendwann nach innen. Wir vermuten, dass solche Wanderungen, wenn auch weniger weit, auch im Sonnensystem stattfanden. Nach heutigen Modellen zur Entstehung und frühen Dynamik des Sonnensystems, insbesondere im Rahmen des sogenannten »Nizza-Modells«, wird angenommen, dass Uranus und Neptun vor etwa vier Milliarden Jahren vertauschte Positionen hatten: Uranus war weiter von der Sonne entfernt als Neptun, bis er schließlich auf eine weiter innen liegende Bahn wechselte. Wenn ein Jupiter-großer Planet von weit außen so nah an seinen Stern wandert, dass er ihn beinahe berührt, dann hinterlässt das Spuren. Ein solcher Durchlauf stört das gesamte System, bringt gravitative Gleichgewichte durcheinander und katapultiert etwaige kleinere Planeten, die auf inneren Bahnen ziehen, höchstwahrscheinlich ganz aus dem System heraus oder lässt sie in den Stern stürzen. Diese Theorie scheint sich auch zu bestätigen: Bisher finden wir heiße Jupiter in den allermeisten Fällen ganz allein in ihrem Planetensystem.

Heute, gut dreißig Jahre nach der ersten Entdeckung, sind über 6.000 Exoplaneten bestätigt. Das ist allerdings größtenteils der zweiten, sehr erfolgreichen Methode ihrer Entdeckung zu verdanken. Während die Radialgeschwindigkeitsmethode Planeten durch ihren leichten Zug an ihren Heimatsternen überführt, sucht die sogenannte Transitmethode nach ihren Schatten im Sternenlicht. Wenn ein System von der Erde aus gesehen günstig geneigt ist, dann ziehen etwaige Planeten regelmäßig von uns aus betrachtet an ihrem Stern vorbei. Das nennt man einen »Transit«. Sie verdeckten also einen Teil ihres Sterns und dimmen seine Leuchtkraft minimal. Das können wir tatsächlich bei Sternen in hunderten Lichtjahren Entfernung messen. Ihre Planeten verringern, je nach Größe und Abstand zu ihnen, die Leuchtkraft während der Transits meist um weniger als 1 %. Aber das reicht. Unsere Teleskope, gerade jene, die ungestört vom Tag-und-Nacht-Rhythmus und von der Atmosphäre im All schweben, sind sensitiv genug, um einen solch winzigen Einbruch der Helligkeit zu registrieren. Und wenn ein solcher Einbruch immer wiederkehrt, genau im Abstand der Zeit, die der Planet braucht, um seinen Stern zu umkreisen, dann hat man eine sehr heiße Spur. Um sich klarzumachen, was diese Methode und ihr Erfolg bedeuten, kann man überlegen, von welchen Sternsystemen aus und unter welchen Bedingungen man die Erde auf diese Art und Weise entdecken könnte. Was müssten potenzielle Aliens also tun, um uns zu finden? Zunächst müssen Systeme, wie gesagt, richtig geneigt sein, damit der Transit sichtbar wird. Die Chance, dass dies der Fall ist, sinkt mit dem Abstand des Planeten zu seinem Stern. Im Fall der Erde ist die Wahrscheinlichkeit, dass ein anderes System richtig ausgerichtet ist, um unseren Planeten an der Sonne vorbeiziehen zu sehen, bei knapp einem halben Prozent. Das heißt, von 200 Sternensystemen hat statistisch nur eines die richtige Ausrichtung, um die Erde überhaupt finden zu können. Im Jahr 2021 identifizierten Forscher*innen 1715 Sternensysteme, die alle höchstwahrscheinlich ein Planetensystem besitzen, innerhalb von 326 Lichtjahren, die so positioniert sind, dass die Erde von ihnen aus gesehen an der Sonne vorbeizieht. Man bräuchte allerdings sehr gute Teleskope: Durch ihre Größe und den Abstand zur Sonne von etwa 150 Millionen Kilometern verursacht die Erde nur einen Einbruch der Helligkeit der Sonne von 0,008 %. Mit unserer heutigen Technologie finden wir Exoplaneten, die Verdunkelungen bis zu 0,01 % verursachen. Jupiter wäre durch seinen gewaltigen Radius schon leichter zu finden, er verursacht eine Abdunklung der Sonne von etwa 1 %. Wäre die

Sonne kleiner, würden ihre Planeten bei gleicher Größe stärkere Verdunkelungen verursachen. Deshalb finden wir mehr Exoplaneten um kleinere Sterne.

Was finden wir dort draußen?

Wie sind sie, diese 6.000 entdeckten Exoplaneten? Gibt es darunter welche, die der Erde gleichen? Gerade zu Beginn der Entdeckung der ersten Exoplaneten konnten wir nur begrenzt Aussagen über ihren genauen Aufbau machen. Wir hatten eine Ahnung, welche Temperaturen dort ungefähr herrschen müssten, aufgrund ihres Abstands zu ihrem Stern, der aus ihrer Umlaufperiode folgt. Durch die Radialgeschwindigkeitsmethode konnten wir ihre Massen bestimmen, durch die Transitmethode ihren Radius. Die Kombination dieser beiden Parameter ergibt ihre Dichte. Daraus lässt sich schließen, ob ein Planet gasförmig ist, mit geringer Dichte, oder doch eher felsig, mit höherer Dichte. Der Zoo der Exoplaneten wächst jeden Tag und mit jeder neuen Entdeckung. Manche sind vergleichbar mit den Planeten des Sonnensystems. Andere wirken völlig fremd oder sogar unmöglich. Gewaltige Gasplaneten, auf engen Bahnen wie 51 Pegasi b oder so weit entfernt von ihrem Stern, dass sie tausende Jahre für eine Umkreisung brauchen. Dort draußen gibt es Welten, wie den Planeten 55 Cancri e, der hauptsächlich aus Kohlenstoff bestehen dürfte und unter so hohem Druck steht, dass sein Inneres ein einziger, riesiger Diamant sein müsste. Der Exoplanet WASP-76 b muss so hohe Temperaturen haben, dass dort Eisen verdampft und in flüssiger Form als Regen wieder herunterkommt. Die Planeten um den Stern namens »Kepler 51« sind teils so groß wie Saturn, allerdings haben sie nur etwa die

Masse der Erde. Es sind also »Super-Puffs«, Planeten mit einer unglaublich geringen Dichte, so wie Zuckerwatte. Wir konnten sogar einen Ort finden, wo einer unserer größten Sci-Fi-Träume zum Leben erweckt wird: Kepler 16 b, ein Exoplanet, der um ein Doppelsternsystem kreist. Dort gehen jeden Tag zwei Sterne hinter dem Horizont auf und unter. So wie auf der Heimatwelt Tatooine von Luke und Anakin Skywalker aus *Star Wars*. Dann gibt es da noch Planeten, die etwas größer als die Erde sind, aber kleiner als Neptun. Diese kategorisieren wir heute als »Supererden« oder »Mini-Neptune«, je nachdem, welcher Größenordnung sie näher sind. Wir finden sie übermäßig oft um andere Sterne, selbst wenn man einberechnet, dass gewisse Planeten einfacher zu finden sind als andere. Das Erstaunliche ist, dass es in unserem eigenen System keinen einzigen Planeten dieser Kategorie gibt. Die Lücke zwischen Erde und Neptun, was die Masse beziehungsweise Größe betrifft, wird von keinem Planeten des Sonnensystems gefüllt. Wieso fehlt der vielleicht häufigste Planetentyp der Milchstraße gerade in unserem eigenen System? Und was sind das überhaupt für Planeten? Ihre Dichten sind schwierig zu deuten. Manche könnten Gasplaneten sein. Andere vielleicht gewaltige Felskugeln mit einem globalen, sehr tiefen Ozean.

Eine zweite Erde haben wir bisher, unter den tausenden Exoplaneten, noch nicht entdeckt. Es wird zwar immer wieder behauptet, aber die Wahrheit ist, dass wir meist zu wenig über die Exoplaneten, die als Kandidaten in Frage kämen, wissen. Allein der richtige Abstand zum Stern, die richtige Größe und Masse reicht nicht aus. Um einen Planeten so bewohnbar wie die Erde zu machen, braucht es eine ruhige Nachbarschaft mit wenigen Asteroideneinschlägen. Plattentektonik, die richtige Reflexion von Sonnenstrahlung durch genügend helle Flächen auf der Oberfläche. Und vor allen Dingen: die richtige Atmosphäre. Venus ist, auf den ersten Blick betrachtet, die Schwester der Erde: Sie ist kaum kleiner und leichter, nur etwas näher an der Sonne, ihr Orbit ist stabil und ungestört. Und trotzdem herrschen auf ihrer Oberfläche knapp 400 °C. Das liegt an ihrer dichten, CO_2-lastigen Atmosphäre. In der Erdatmosphäre verursacht der durch die Menschheit anwachsende Anteil von momentan 0,04 % CO_2 den Klimawandel. Die Venusatmosphäre hat einen CO_2-Anteil von 96,5 %. Ein Treibhauseffekt, praktisch auf Turbo gedreht, verdammt diesen Planeten zur Höllenlandschaft, während die Erde ein regelrechtes Paradies mit einer Durchschnittstemperatur von 15 °C ist (mit heute steigender Tendenz, was katastrophale Auswirkungen hat. Aber das ist eine andere Geschichte). Auch Mars könnte eigentlich genauso gut große Wasserozeane beherbergen wie die Erde. Die Beweislage deutet sogar darauf hin, dass er es in der weit zurückliegenden Vergangenheit tat. Doch seine Atmosphäre ist nun zu dünn, durch den geringen Oberflächendruck verdunstet das Wasser und die Temperaturen sind frostig. In den marsianischen Bergen, Tälern und kargen Ebenen herrschen im Schnitt −63 °C. Klar ist also: Wer wissen will, wie die Exoplaneten wirklich aussehen und ob es unter ihnen solche gibt, die Leben erlauben, der muss ihre Atmosphären kennen. Der Abstand der Planeten zu ihren Sternen legt zwar einen groben Temperaturbereich fest, aber am Beispiel von Erde, Venus und Mars sieht man, wie wichtig die Rolle der Gasschicht um die Planeten herum ist.

Hier kommt nun brandaktuelle Forschung ins Spiel. Seit der Inbetriebnahme des James-Webb-Weltraumteleskops im Jahr 2022 betreten wir Menschen neue Bereiche der Erkenntnis. Wir beginnen damit, exoplanetarische Atmosphären zu analysieren und auf ihre Bestandteile zu untersuchen.

Exo-Atmosphären

Exoplaneten überhaupt zu entdecken, ist, wie eben ausgeführt, unglaublich schwierig. Und trotzdem haben wir es geschafft. Ihre Atmosphären sind im Vergleich zu den planetaren Radien, gerade bei Felsenplaneten, frustrierend dünn. Um etwas über sie zu lernen, müsste man den minimalen Bruchteil des Sternenlichts, das bei einem Transit knapp an der Oberfläche des Exoplaneten vorbeistrahlt und durch die Atmosphäre hindurchwandert, isolieren und analysieren. Denn dieses Licht trägt die Fingerabdrücke der Elemente, die in diesen Atmosphären vorhanden sind. Strahlt Licht durch ein Medium hindurch, so wird es durch die Anwesenheit bestimmter Atome und Moleküle auf ganz besondere Weise manipuliert. Die Messung dieser Manipulation nennt man »Absorptions-Spektroskopie« und die Einzelheiten erkläre ich im Kapitel »Sternfarben«.

Bei der Spektroskopie der Atmosphären von Exoplaneten muss man sich vor Augen führen, über welche Dimensionen man spricht. Das interessante Licht, nämlich der Anteil, der die Fingerabdrücke der in der Atmosphäre enthaltenen Elemente trägt, muss vom uninteressanten Licht, also dem Sternenlicht, das die Atmosphäre des Planeten nicht passiert, getrennt werden. Ein Planet verdeckt beim Transit, wie erwähnt, höchstens ein paar Prozent des Sternenlichts, felsige Planeten deutlich weniger. Der Anteil des Sternenlichts, der dann noch zwischen Planetenoberfläche und Außengrenze der Atmosphäre hindurchschlüpft, ist noch geringer, typischerweise im Bereich von 0,001 %, also ein Hunderttausendstel des gesamten Lichts, das wir vom Stern empfangen. Es ist, als würde man den Unterschied messen wollen, den ein Haar in einem Scheinwerfer in 10 Kilometer Entfernung macht. Und genau dazu ist das James-Webb-Weltraumteleskop in der Lage. Fast täglich erscheinen heute wissenschaftliche Veröffentlichungen, welche die Atmosphären fremder Exoplaneten vorstellen. Wir sehen jetzt, dass Wasserdampf bei allen möglichen Planetentypen, von Gasriesen bis winzigen Gesteinskugeln, ziemlich häufig ist. Das bedeutet nicht zwingend immer flüssiges Wasser auf den Oberflächen, zeigt aber, dass Wasser, eine der wichtigsten Zutaten für Leben, wie wir es kennen, im Universum keine Seltenheit ist.

Mit dem James-Webb-Teleskop konnten wir erstmals Kohlenstoffdioxid, Wasser, Kohlenstoffmonoxid sowie Methan in ein und derselben Atmosphäre, nämlich der vom Exoplaneten WASP-39 b, nachweisen. Das sind wichtige Bausteine des Lebens und es zeigt, dass komplexe Chemie auch auf extrasolaren Planeten durchaus möglich ist. In den Atmosphären sehr heißer Gasriesen, den sogenannten »ultra-hot Jupiters« wie beispielsweise KELT-9 b, fanden wir Hinweise auf Wolken aus heißen, gasförmigen Metallen und verdampftem Gestein. Ein besonderes Augenmerk wird auf Moleküle gelegt, die gemeinhin als »Biosignatur« gelten. Es handelt sich dabei um Stoffe, die nach unserem Stand der Erkenntnis nur Leben in großen Mengen produzieren kann. Das berühmteste Beispiel für eine Biosignatur ist molekularer Sauerstoff, O_2. Dabei handelt es sich schlicht um zwei Sauerstoffatome, die miteinander verbunden sind. Diese Verbindung ist sehr zerbrechlich, sie wird schnell durch Strahlung aufgelöst oder verbindet sich mit anderen Elementen zu anderen Molekülen. Die Photosynthese von Pflanzen gilt heute als einer der wenigen Prozesse, die große Mengen O_2 freisetzen können. Würden wir also eine Atmosphäre eines Exoplaneten finden, wo große Mengen an molekularem Sauerstoff vorhanden sind, dann wäre das ein guter Hinweis darauf, dass es dort einen Prozess geben muss, der dieses zerbrechliche Molekül andauernd nachliefert. Und dieser Prozess könnte durch Pflanzen ausgelöst werden, sprich: von Leben. Bisher haben wir noch keinen eindeutigen Nachweis für Biosignaturen in den extrasolaren Atmosphären gefunden. Aber wir haben auch gerade erst damit begonnen, zu suchen.

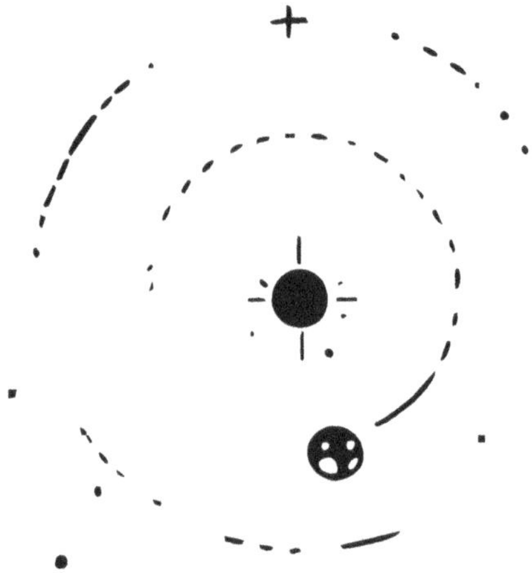

Frauen, die nach den Sternen greifen

Elka
Habt ihr schon mal vom Matilda-Effekt gehört?
Eva
Hm, nein. Ich kenn nur diesen Film »Matilda« aus den 90er Jahren …
Elka
Haha, ja. Der ist auch spannend, aber beim Matilda-Effekt geht's um etwas anderes – um Frauen in der Wissenschaft. Es beschreibt, wie die wissenschaftlichen Leistungen von Frauen jahrhundertelang immer wieder übersehen oder ihren männlichen Kollegen zugeschrieben wurden.
Jana
Oh ja, da würden mir einige Beispiele einfallen!
Elka
Es gibt erstaunlich viele inspirierende Wissenschaftlerinnen. Sie sind nur leider oft nicht so bekannt.

Wenn ich mit meinen Studierenden über Frauen in MINT, also Frauen in Mathematik, Informatik, Naturwissenschaft und Technik, spreche, mache ich gerne die »Name a scientist«-Übung. Dabei sollen sie zuerst alle weiblichen Wissenschaftlerinnen aufschreiben, die ihnen einfallen, und danach alle männlichen. Das Ergebnis ist jedes Mal dasselbe. Während sich die Liste mit Einstein, Galileo, Darwin und Co beinahe endlos fortsetzen lässt, endet die Liste der Frauen oft schon nach Marie Curie oder Ada Lovelace, der ersten Programmiererin. Jetzt könnte man natürlich argumentieren: »Naja, wenn Frauen einfach öfter etwas Geniales entdeckt hätten, dann würden wir auch mehr Namen kennen.« Was dabei aber gerne vergessen wird, ist, dass Frauen sehr lange gar nicht die Möglichkeit hatten, zu höherer Bildung zu kommen, geschweige denn Wissenschaftlerinnen zu werden.

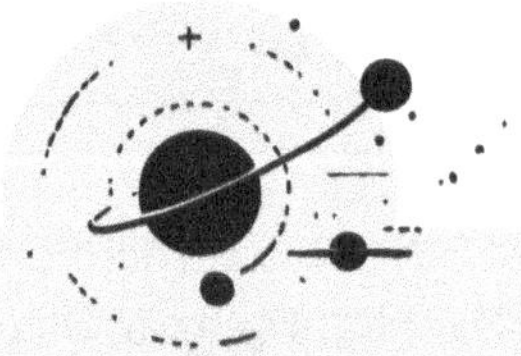

Kurze Geschichte der Frauenbildung in …

Österreich

1892

Das erste Mädchengymnasium auf dem Gebiet des heutigen Österreich wird als Privatschule in der Hegelgasse 12 in Wien gegründet. Das erste Bubengymnasium, das Akademische Gymnasium in Wien, wurde bereits 1552 eröffnet.

1897

Frauen dürfen erstmals als Hörerinnen an Vorlesungen teilnehmen. Vorerst nur an philosophischen Fakultäten, dazu zählte damals auch Astronomie.

1900
Die Medizinische Fakultät erlaubt Frauen die Aufnahme eines Studiums der Medizin und Pharmazie.

1945
Auch die katholisch-theologische Fakultät öffnet ihre Türen für Frauen. Damit stehen ihnen nun offiziell alle Studienrichtungen offen.

Schweiz

1840
In der Universität Zürich dürfen Frauen bereits als Gasthörerinnen teilnehmen. Die Schweiz ist eine Vorreiterin im deutschsprachigen Raum.

1867
Frauen werden erstmals in allen Fakultäten als ordentliche Studierende zugelassen.

Deutschland

18. Jahrhundert
Einzelne Frauen erhalten Sondergenehmigungen zum Studium und zur Promotion. Eine davon ist Dorothea Erxleben, die erste promovierte Ärztin in Deutschland.

1900
Baden öffnet als erstes deutsches Land offiziell die Universitäten für Frauen. Bis 1909 folgen alle deutschen Universitäten.

Zum Vergleich

Die Universität Wien, die älteste Universität im deutschen Sprachraum, nahm schon nach ihrer Gründung 1365 die ersten männlichen Studierenden auf.

Männer hatten also in der Bildung und somit in der Wissenschaft einen Vorsprung von mehreren Jahrhunderten. Im deutschsprachigen Raum dauerte es über 600 Jahre, bis Frauen dieselben Studienmöglichkeiten hatten wie Männer. Und trotzdem gab es immer wieder Frauen, die unter diesen erschwerten Bedingungen Großes leisteten. Viele ihrer Namen gerieten jedoch in Vergessenheit und ihre Entdeckungen wurden oft ihren männlichen Kollegen, oft Ehemännern, zugeschrieben. Das ist auch ein weiterer Grund, warum die weibliche Liste der »Name a scientist«-Übung so kurz bleibt. Es gab sie, die Wissenschaftlerinnen, aber sie wurden über lange Zeit unsichtbar gemacht und aus den Geschichtsbüchern verdrängt. Als Erste beschrieb dieses Phänomen die Wissenschaftshistorikerin Margaret W. Rossiter in den 1990er Jahren. Sie prägte dafür den Begriff »Matilda-Effekt«, benannt nach der amerikanischen Frauenrechtlerin Matilda Joslyn Gage, die schon im 19. Jahrhundert auf die fehlende Anerkennung weiblicher Leistungen hingewiesen hatte. Also holen wir doch einige dieser »Matildas« und Pionierinnen der Astronomie vor den Vorhang und erzählen ihre Geschichten!

Caroline Lucretia Herschel – Vom Aschenputtel zur Astronomin

Caroline Herschel, die »Kometenjägerin«, war nicht nur eine Pionierin der Astronomie, sondern gilt auch als die erste Frau der neuzeitlichen Wissenschaftsgeschichte, die für wissenschaftliche Arbeit bezahlt wurde.

Ihre Lebensgeschichte liest sich wie ein Märchen, geprägt von Wendungen und Schicksalsschlägen, die schließlich doch in einem Happy End münden. Caroline Lucretia Herschel wird 1750 in Hannover geboren. Ihr Vater, ein Musiker, legt Wert auf Bildung – auch bei Caroline, die als jüngstes Mädchen der sechs überlebenden Kinder aufwächst. Doch ihre Mutter ist anderer Meinung: Für sie ist Caroline vor allem eine Haushaltshilfe. Während ihre einzige Schwester bald verheiratet wurde, gilt Caroline als »unvermittelbar zur Heirat«, da sie infolge einer Typhus-Erkrankung ihr Leben lang kleinwüchsig bleibt. Als ihr Vater stirbt, scheint ihr Schicksal besiegelt. In ihren späteren Erinnerungen schreibt Caroline: »Ich vermochte den Gedanken, dass ich ein Aschenputtel oder eine Hausmagd werden sollte, nicht zu ertragen.«[1]

Ihr krankheitsbedingter vermeintlicher Schönheitsmakel wird zu ihrer Chance: Weil Caroline nicht verheiratet wird, bleibt ihr das damals übliche, einschränkende Schicksal als Ehefrau und Mutter erspart. Ihre Ungebundenheit gibt ihr zumindest die theoretische Chance, eigene Wege zu gehen … wenn da nicht ihre

Mutter wäre. Um Caroline aus dem Elternhaus zu befreien, will ihr Bruder Wilhelm sie zu sich nach Bath in England holen. Dort arbeitet er als Musiker und will die damals Anfang 20-jährige Caroline als Sängerin ausbilden und fördern. Um das zu ermöglichen, schließt er mit seiner Mutter einen Deal: Caroline, ihre wertvolle Haushaltshilfe, darf nur mitreisen, wenn sie als Sängerin erfolgreich wird und Wilhelm der Mutter genug Geld zusichert, damit ein Hausmädchen als Ersatz eingestellt werden kann. Caroline schafft es tatsächlich! Gemeinsam mit ihrem Bruder, der für sie komponiert, tritt sie regelmäßig auf und baut sich eine vielversprechende musikalische Karriere auf.

Hier findest du die perfekte Hintergrundmusik zum Lesen dieses Kapitels: die Symphony No.14 in D-Dur von William Herschel.

Doch dann kommt es zur zweiten schicksalhaften Wendung in ihrem Leben: Wilhelm wendet sich zunehmend der Astronomie zu und lässt die Musik hinter sich. Was soll Caroline, die Sängerin, nun machen? Na, sie wird einfach kurzerhand zu »Caroline, die Astronomin«!

So beginnt zwischen Bruder und Schwester eine äußerst fruchtbare wissenschaftliche Zusammenarbeit, die beinahe zur Obsession wird. In jeder freien Minute basteln sie an ihren eigenen riesigen Spiegelteleskopen. Der Bau solcher Teleskope ist zu der Zeit ein ausgesprochen anspruchsvolles und körperlich anstrengendes Unterfangen, bei dem die Geschwister stundenlang Spiegel polieren und schleifen müssen. Nicht selten muss Caroline ihren Bruder sogar füttern, wenn er im »Bastelwahn« keine Zeit zum Essen findet.

Im Jahr 1781 gelingt Wilhelm schließlich eine Entdeckung, welche die Astronomie revolutioniert: ein neuer Planet in unserem Sonnensystem. Nämlich der Planet »George«! Falls du jetzt verwirrt bist: vollkommen verständlich. Dieser Name, den Wilhelm sich zu Ehren von König George III. für seinen Planeten wünschte, hat sich zum Glück nicht durchgesetzt. Ihr kennt den Planeten heute unter einem anderen Namen: Uranus. Der neue Planet ist so weit entfernt, dass sich durch seine Entdeckung der Radius des damals bekannten Sonnensystems fast verdoppelt hat. Nach dieser wissenschaftlichen Sensation ernennt ihn der besagte König George kurzerhand zu seinem Hofastronomen. Und weil Wilhelm ein guter Bruder ist, nimmt er Caroline natürlich mit und macht sie zu seiner Assistentin, ganz offiziell mit eigenem Gehalt. Der Gender-Pay-Gap ist bei einem Gehalt von 50 Pfund für sie und dem 4-Fachen für ihren Bruder zwar gewaltig, aber immerhin! Denn damit gilt sie als erste Frau, die für wissenschaftliche Arbeit offiziell entlohnt wird. Ganz richtig ist das jedoch nicht, sondern trifft vermutlich nur für das Europa der Neuzeit zu. Außerhalb Europas und vor dieser Zeit gab es wahrscheinlich bereits andere Frauen in wissenschaftlichen Berufen. Eine davon ist die Philosophin und Astronomin *Hypatia von Alexandria*, die um 400 n. Chr. offiziell unterrichtete.

Caroline beweist jedenfalls in ihrer neuen Position schnell, dass sie weit mehr ist als nur Wilhelms Assistentin, und beginnt schon bald selbstständig den Himmel zu erkunden. Sie benutzt ein kleineres Teleskop, den sogenannten »Sweeper«, mit dem sie systematisch nach Kometen sucht. Ihr erster Fund im Jahr 1786 sorgt für Schlagzeilen: Caroline ist die erste Frau, die je einen Kometen entdeckt. Es folgen noch sieben weitere, weshalb sie als »die Kometenjägerin« in die Geschichte eingeht. Noch heute trägt einer dieser Kometen ihren Namen: 35P/Herschel-Rigollet.

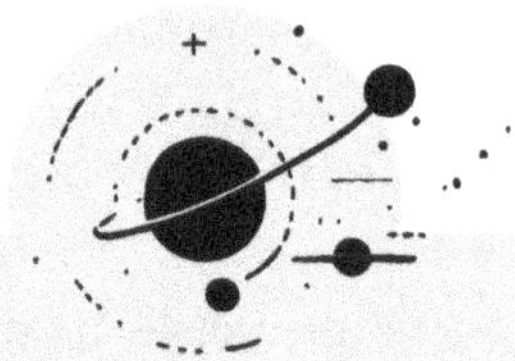

35P/Herschel-Rigollet – periodischer Komet

Umlaufzeit
155 Jahre
Nächster Perihel*
2092

* sonnennächster Punkt der Umlaufbahn eines Himmelskörpers

Mehr zum Thema Kometen erfährst du übrigens im Kapitel »Asteroiden und Planetare Verteidigung«.

Doch Caroline beschäftigt sich nicht nur mit Kometen. Sie ist eine gewissenhafte Dokumentarin und akribische Beobachterin vieler Himmelsobjekte. 1797 präsentiert sie eine überarbeitete Version des damals gängigen Sternenkatalogs von John Flamsteed. In mühevoller Kleinstarbeit ergänzt sie mehr als 500 bislang unbekannte Sterne, korrigiert zahlreiche Fehler in Flamsteeds Originalwerk, nummeriert die Sterne erstmals systematisch und macht den Katalog dadurch für andere Astronom*innen deutlich leichter nutzbar.

Nach Wilhelms Tod im Jahr 1822 arbeitet Caroline noch eine Weile mit dessen Sohn John weiter. Schließlich kehrt sie nach Hannover zurück, wo sie stolze 97 Jahre alt wird. Neben dem nach ihr benannten Kometen erinnern heute ein Mondkrater und der Asteroid (281) Lucretia an diese außergewöhnliche Frau. Obwohl sie zu Lebzeiten eine Berühmtheit in wissenschaftlichen Kreisen war und zahlreiche Ehrungen erhielt – darunter auch, als erste Frau, die Goldmedaille der Royal Astronomical Society –, stand sie oft im Schatten ihres berühmten Bruders. Doch Caroline Herschel war weit mehr als nur die Schwester eines großen Astronomen. Sie war eine Pionierin und verdient ihren eigenen Platz in der Wissenschaftsgeschichte.

Um Carolines Geschichte mit einem weiteren Happy End abzuschließen: Seit 2022 verleihen die britische Royal Astronomical Society und die deutsche Astronomische Gesellschaft gemeinsam die Caroline-Herschel-Medaille, die jährlich abwechselnd britische und deutsche Astronominnen für ihre herausragenden Leistungen auszeichnet.

Lady Computers – Frauen, die das Universum berechnen

In einer Zeit, in der es noch keine Computer im heutigen Sinne gab, war ein »computer« kein Gerät, sondern eine Berufsbezeichnung für Frauen, die komplexe Berechnungen von Hand durchführten. Das Wort »computer«

stammt vom Englischen »to compute«, also rechnen. Diese Rechnerinnen überarbeiteten in der Astronomie Sternenkataloge, entwickelten Klassifikationen und bildeten das Rückgrat der ersten großen Forschungsprojekte.

Von 1880 bis etwa 1930 arbeiten hunderte Rechnerinnen an Observatorien auf der ganzen Welt. Es ist die Zeit der ersten wissenschaftlichen Großprojekte, in der viel Personal für akribische und repetitive Berechnungen benötigt wird. Noch nie zuvor waren so viele Frauen in der Astronomie tätig wie zu dieser Zeit. Die Astronomin Dorothea Klumpke vom Pariser Observatorium sieht das als Zeichen der Gleichberechtigung und läutet damals feierlich die »Ära der Lady Computers« ein. In Wirklichkeit haben die meisten Frauen in diesem Beruf jedoch kaum Aufstiegschancen, werden schlecht entlohnt und bleiben stets in der zweiten Reihe hinter ihren männlichen Kollegen.

Eines der ersten Observatorien, das sogenannte Lady Computers einstellt, war das Harvard College Observatory. Direktor Edward Pickering entscheidet sich zunächst vor allem aus Kostengründen für die Rechnerinnen. Die damaligen Gesetze erlauben es, Frauen deutlich schlechter zu entlohnen, da sie nur als »Zuverdienerinnen« zum Einkommen des Mannes gelten. Für das Observatorium ist das eine bequeme Möglichkeit, die Lohnkosten niedrig zu halten. Die erste Rechnerin, die eingestellt wird, ist Anna Winlock im Jahr 1875. Sechs Jahre später folgt *Williamina Fleming*, ursprünglich Pickerings Haushälterin – eine außergewöhnliche Frau!

Williamina Fleming

Williamina Fleming wird 1857 in Schottland geboren. Sie heiratet jung und wandert mit ihrem Mann in die USA aus. Doch kurz nachdem sie schwanger wurde, verlässt er sie. Plötzlich auf sich allein gestellt, nimmt die junge Mutter eine Stelle als Dienstmädchen im Hause Pickering an, wo unerwarteterweise ihre Karriere in der Astronomie beginnt. Sie wird vom Direktor Edward Pickering als Rechnerin eingestellt und entdeckt in dieser Zeit zehn Novae (kurzzeitiges Aufleuchten eines Sterns – im Gegensatz zu einer Supernova bleibt der Stern jedoch bestehen), mehr als 300 Sterne und 59 Nebel, darunter der Pferdekopfnebel. Außerdem entwickelt Williamina ein System zur Klassifikation von Sternen, basierend auf ihren Spektrallinien, also dem Licht, das sie aussenden. Dieses Fleming-Pickering-System ist der erste Schritt in Richtung der modernen Sternenklassifizierung. Später wird es von der ebenfalls bemerkenswerten Astronomin Annie Jump Cannon noch einmal verfeinert.

Mehr zu Sternenklassifizierung erfährst du im Kapitel »Sternfarben«.

Die Rechnerinnen in Harvard arbeiten in einem separaten Raum, abgeschirmt vom Rest des Observatoriums. Ihre Aufgabe ist es, fotografische Glasplatten des Nachthimmels zu studieren, um die Positionen der Sterne zu berechnen, Entfernungen zu messen und Helligkeiten zu bestimmen. Es ist eine monotone Tätigkeit, die gleichzeitig hohe Genauigkeit erforderte. Die Rechnerin und Astronomin *Annie Jump Cannon* klassifiziert in dieser aufwändigen Handarbeit über 350.000 Sterne, mehr als jede andere Person.

Eine weitere bemerkenswerte »Lady Computer« aus Harvard, die hier unbedingt erwähnt werden muss, ist *Henrietta Swan Leavitt*. Sie studiert sogenannte Cepheiden, also Sterne, deren Licht in einem festen Zyklus regelmäßig pulsiert, und legt dabei den Grundstein für ein bahnbrechendes Werkzeug zur Messung von Entfernungen im All. Die zeitlichen Abstände dieses »Herzschlags« verraten, wie hell der Stern tatsächlich ist: Cepheiden, die langsam pulsieren, sind eigentlich heller als solche mit kurzen Pulsen. Vergleicht man diese errechnete »tatsächliche« Helligkeit mit der gemessenen Helligkeit aus dem Teleskop, lässt sich daraus die Entfernung des Sterns bestimmen. Diese Methode wurde als Leavitt-Gesetz bekannt und gab Astronom*innen später die Möglichkeit, die Distanzen im Universum weit über die Milchstraße hinaus zu vermessen.

Zwar muss man anerkennen, dass Direktor Pickering seine Rechnerinnen im Vergleich zu anderen Observatorien fördert und teilweise sogar gemeinsam mit ihnen publiziert, doch erhalten die Frauen lediglich 25 Cent pro Stunde, nur halb so viel wie ihre männlichen Kollegen. Ein Missstand, der auch in den anderen Observatorien der Welt herrscht. Doch es regt sich auch Widerstand dagegen: im Observatorium von Melbourne etwa, wo sich die Rechnerinnen 1913 für eine höhere Bezahlung einsetzen – und das mit Erfolg.

Auch wenn die Arbeit der Rechnerinnen oft unsichtbar blieb, ist eines klar: Diese Frauen waren die treibende Kraft hinter den frühen Großforschungsprojekten der Astronomie. Bis 1959 hatten Frauen mehr als 75 % der bis dahin bekannten 14.700 sogenannten »veränderlichen Sterne« entdeckt – also Sterne, deren Helligkeit sich verändert. Sie sind demnach keineswegs nur eine Randnotiz der Geschichte, sondern ein wichtiges Kapitel im Buch der Astronomie.

Vera Rubin – Auf der Jagd nach der Dunklen Materie

> Vera Rubin war eine Pionierin, die uns auf die Spur einer unsichtbaren Materie im Universum brachte. Ihre Messungen der Rotationsgeschwindigkeit von Galaxien und die daraus abgeleitete These der Dunklen Materie revolutionierten die Astronomie.

Vera Rubin wird 1928 in Philadelphia, USA, geboren und ist schon als Kind vom Sternenhimmel fasziniert. Ihr Weg in die Astronomie ist dennoch nicht einfach. Manche Universitäten, darunter ihre Wunsch-Uni Princeton, nehmen zu dieser Zeit grundsätzlich keine Frauen auf. Aber Vera lässt sich nicht entmutigen. Sie findet einen anderen Studienplatz, promoviert schließlich an der Georgetown University und sammelt dort ihre ersten wertvollen Forschungserfahrungen.

In den 1970er Jahren arbeitet Vera mit dem Astronomen Kent Ford am Carnegie Observatorium und untersucht dort die Bewegung von Sternen in Galaxien. Lange ging man davon aus, dass sich Sterne am Rand einer Galaxie deutlich langsamer bewegen als jene im Inneren, ähnlich wie die Planeten in unserem Sonnensystem. Das kommt daher, dass unser Sonnensystem durch die Gravitation der Sonne zusammengehalten und beeinflusst wird. Je weiter ein Planet nun von der Sonne entfernt ist, desto schwächer wirkt diese Kraft. Deshalb rast Merkur mit rund 47 Kilometern pro Sekunde um die Sonne, während Neptun nur etwa 5 Kilometer pro Sekunde schafft. Ein ähnlicher Effekt wurde auch bei der Bewegung von Sternen in Galaxien erwartet, da Galaxien ebenfalls durch ihre Gravitation zusammengehalten werden. Doch Rubins Messungen zeichnen ein völlig anderes Bild. Die Sterne am Rand bewegen sich deutlich schneller, als sie sollten! Diese Raserei müsste eigentlich verheerende Folgen haben, denn bei dieser Geschwindigkeit reicht die Gravitation der sichtbaren Materie nicht mehr aus, um die rasenden Sterne in der Galaxie zu halten. Sie müssten längst aus ihrer Umlaufbahn geschleudert werden, wie aus einem Karussell, das sich zu schnell dreht. Da das aber offensichtlich nicht passiert, folgert Vera, dass es einen noch unbekannten »versteckten« Einflussfaktor geben muss. Eine zusätzliche, aber für unsere Messgeräte unsichtbare, Materie, deren Gravitation stark genug ist, dass die Galaxien zusammengehalten werden und nicht »auseinanderfliegen«. Zwar macht bereits in den 1930er Jahren der Schweizer Astronom Fritz Zwicky ähnliche Beobachtungen bei Galaxien in Galaxienhaufen, also Gruppen von hunderten oder tausenden Galaxien, doch seine Ergebnisse geraten weitgehend in Vergessenheit. Erst Rubins systematische Auswertung zeigt klar, dass es diese versteckte Masse geben muss, und zwar in gewaltigen Mengen. Damit startet eine wissenschaftliche Detektivjagd, die bis heute andauert.

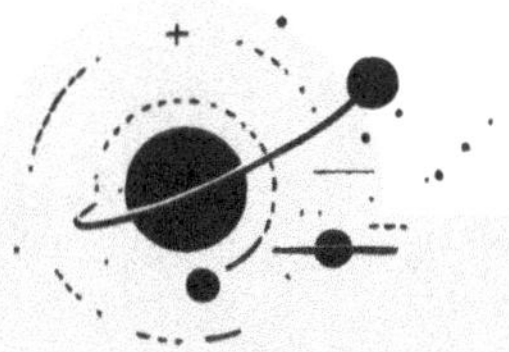

Was ist Dunkle Materie?

Dunkle Materie ist eine Form von Materie, die keine Strahlung aussendet und sich auch nicht direkt beobachten lässt, da sie nicht mit Licht oder anderer elektromagnetischer Strahlung interagiert. Wir wissen nur, dass sie da ist, weil sie durch ihre Gravitation wirkt – zum Beispiel auf die Bewegung von Sternen in Galaxien.

Man geht davon aus, dass Dunkle Materie im Universum rund fünfmal so häufig vorkommt wie die gewöhnliche, sichtbare Materie.

Auch wenn wir bis heute nicht genau wissen, was diese Dunkle Materie genau ist, hat Vera Rubins Arbeit die Existenz dieses rätselhaften Phänomens deutlich belegt. Viele sehen darin eine revolutionäre Leistung, die einen Physik-Nobelpreis verdient hätte. Doch dazu kam es nie, Vera Rubin starb 2016. Eine weitere verpasste Chance des Nobelpreis-Komitees, die herausragende Forschungsleistung einer Frau zu würdigen.

Vera Rubin wäre nach Marie Curie und Maria Goeppert-Mayer erst die dritte Frau mit einem Nobelpreis in Physik geworden. Inzwischen sind drei weitere Frauen dazugekommen. Nicht viele, aber immerhin ein kleiner Fortschritt.

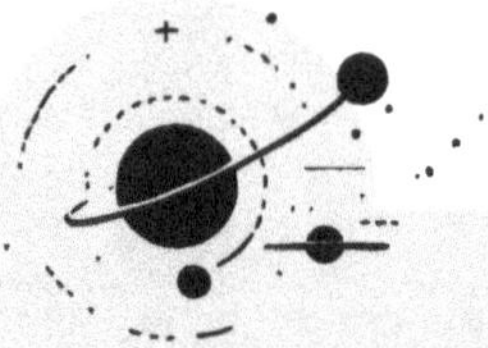

Physik-Nobelpreisträgerinnen und die Begründung der Preisvergabe

1903: Marie Curie
»... als Anerkennung des außerordentlichen Verdienstes, den sie sich durch ihre gemeinsamen Arbeiten über die von H. Becquerel entdeckten Strahlungsphänomene erworben haben.«

1963: Maria Goeppert-Mayer
»... für ihre Entdeckung der nuklearen Schalenstruktur.«

2018: Donna Strickland
»... für bahnbrechende Erfindungen im Bereich der Laserphysik.«

2020: Andrea Ghez
»... für die Entdeckung eines supermassiven kompakten Objekts im Zentrum unserer Galaxie.«

2023: Anne L'Huillier
»... für experimentelle Methoden, die Attosekunden-Lichtimpulse zur Untersuchung der Dynamik von Elektronen in Materie erzeugen.«

Trotz der fehlenden Würdigung zu Lebzeiten hinterlässt Vera Rubin ein bleibendes Vermächtnis, das inzwischen eine besondere Ehrung erfahren hat: die Einweihung des beeindruckenden Vera C. Rubin Observatory im Norden Chiles. Dieses 8,4 Meter große Teleskop wurde 2025 in Betrieb genommen und liefert bereits jetzt atemberaubende Aufnahmen von Galaxienhaufen und anderen weit entfernten Himmelsobjekten. Zugleich soll es entscheidend zur Erforschung der Dunklen Materie beitragen. Eine Detektivarbeit, die Vera Rubin einst ins Rollen brachte und die heute von Astronom*innen aus der ganzen Welt in ihrem Namen weitergeführt wird.

Jocelyn Bell Burnell – Leuchttürme aus dem All

Diese lebende Ikone und »Grand Dame« der Astronomie, die tatsächlich von der Queen in den Adelsstand »Dame« erhoben wurde, ist die erste Person, die einen Pulsar beobachtete. Bekannt wurde sie auch deshalb, weil nicht sie, sondern ihr Doktorvater, Antony Hewish, dafür den Nobelpreis erhielt.

Jocelyn Bell Burnell wird 1943 in Nordirland geboren und wächst in einer Quäkerfamilie, einer christlichen Glaubensgemeinschaft aus England, auf. Als Kind besucht sie zunächst eine Schule für Hausarbeit, wo sie jedoch nicht sehr erfolgreich ist und schließlich durchfällt. Damit die »Schulabbrecherin« Jocelyn dennoch später studieren kann, schicken ihre Eltern sie auf ein Quäker-Internat. Dort kommt sie erstmals mit Naturwissenschaften in Berührung und entscheidet sich nach ihrem Abschluss sogar, Physik an der Universität Glasgow zu studieren. Eine ungewöhnliche Studienwahl für eine Frau in dieser Zeit. Sie und die wenigen anderen Studentinnen haben es nicht leicht. Ihre männlichen Kommilitonen verspotten sie regelmäßig, etwa indem sie jedes Mal laut mit den Füßen stampfen, sobald eine Frau den Hörsaal betritt. Dazu kommt, dass Jocelyn einige Vorkenntnisse in der Physik fehlen. Sie kämpft mit dem Gefühl, nicht dazuzugehören, nicht gut genug zu sein, also einem klassischen Imposter-Syndrom. Dieses Gefühl, den eigenen Erfolg nicht verdient zu haben und jeden Moment »entlarvt« zu werden, begleitet viele Frauen in der Wissenschaft. Trotz der Zweifel schließt sie ihr Studium ab und bekommt sogar einen Platz im PhD-Programm der Radioastronomie in Cambridge. Damit hätte sie selbst niemals gerechnet!

In ihrer Dissertation arbeitet sie mit einem brandneu gebauten Radioteleskop, also einem Teleskop, das nicht sichtbares Licht, sondern Radiowellen aus dem All aufzeichnet (die unterschiedlichen Arten der elektromagnetischen Strahlung kannst du im Kapitel »Sternfarben« nachlesen). Da es seine Messdaten ausschließlich in Papierform ausspuckt, muss Jocelyn sich täglich durch eine 30 Meter lange Papierrolle an Daten kämpfen und diese von Hand auswerten. Eigentlich ist sie dabei auf der Suche nach Quasaren, den aktiven, strahlungsintensiven Zentren junger Galaxien. Diese extrem hellen Objekte sind damals noch kaum erforscht, man kannte nur etwa zwanzig von ihnen. Jocelyn entdeckt 120 weitere. Doch eines Tages im Jahr 1967 bemerkt sie etwas sehr Unerwartetes: ein wiederkehrendes Radiosignal mit auffallend regelmäßigen Pulsen. Neugierig will sie diesem seltsamen Signal auf den Grund gehen. Ihr Betreuer Antony Hewish hingegen winkt ab und bezeichnet es als »bedeutungslose Störung« – »it's just scruff«. Doch das geheimnisvolle Signal lässt Jocelyn nicht los, sie bleibt hartnäckig und beobachtet es weiter. Aufgrund der rätselhaften Regelmäßigkeit erhält es intern den scherzhaften Spitznamen »little green men«, auch wenn den Forscher*innen schnell klar wird, dass es nicht von Außerirdischen stammt. Nachdem das Team die Daten veröffentlicht, liefern die Astronomen Franco Pacini und Thomas Gold des Rätsels Lösung. Ein besonderer Neutronenstern ist für das Signal verantwortlich: ein Pulsar.

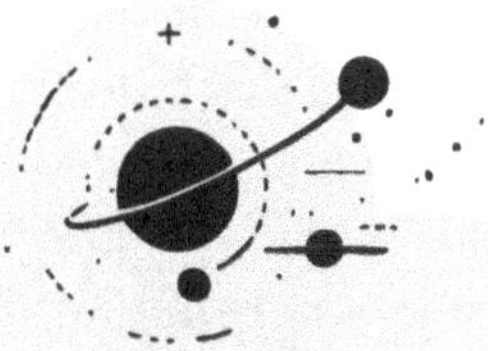

Pulsar

Ein Pulsar ist ein schnell rotierender Neutronenstern, also ein extrem dichter Überrest eines explodierten Sterns. Die Dichte eines Pulsars lässt sich kaum vorstellen. Es wäre so, als würde man alle Menschen der Erde in einen Fingerhut pressen. Nur Schwarze Löcher sind noch dichter.

Pulsare senden zwei Strahlenbündel aus, die in entgegengesetzte Richtungen zeigen und durch ihre Rotation wie ein Leuchtturmlicht wirken: Mal zeigt ein Strahl zu uns, mal nicht. Nach heutigem Wissensstand können sich Pulsare über 700-mal pro Sekunde um ihre eigene Achse drehen. Ein Leuchtturm auf Speed, sozusagen.

Heute kennt man über 3.000 Pulsare, die meisten strahlen nicht im sichtbaren Lichtbereich, sondern im Radiofrequenzbereich. Die ersten vier wurden von Jocelyn Bell Burnell entdeckt.

Im Jahr 1974 erhält Antony Hewish für die revolutionäre Entdeckung der Pulsare den Nobelpreis in Physik. Der Beitrag von Jocelyn Bell Burnell, die zur Zeit der Beobachtung »nur« seine Doktorandin war, wird nicht erwähnt und von Hewish auch bis zu seinem Tod 2021 immer wieder heruntergespielt. Obwohl Jocelyn die Ungerechtigkeit erkennt, geht sie diplomatisch damit um und betont bescheiden, dass sie im Laufe ihrer Karriere genug andere Auszeichnungen erhalten hat. Sie gewann zum Beispiel den prestigeträchtigen Breakthrough Prize, dessen Preisgeld von 2,3 Millionen Pfund (doppelt so hoch wie das Preisgeld des Nobelpreises) sie vollständig spendete, um Frauen und marginalisierte Gruppen in der Fakultät der Astronomie zu fördern. Bis heute zählt sie zu den wichtigsten Stimmen und Vorkämpferinnen für Gleichstellung in der Wissenschaft. Sie wurde zwar nicht zur Nobelpreisträgerin, aber dafür zu einer großen Inspiration für eine neue Generation von Astronominnen.

Weitere Spuren am Himmel

Es gäbe noch unzählige weitere spannende und bedeutende Wissenschaftlerinnen. Dieses Buch kann nur einen kleinen Einblick in die verborgenen und berühmten Entdeckungen von Frauen in der Astronomie geben. Deshalb möchte ich euch hier noch einige Steckbriefe als Inspiration mitgeben. Vielleicht wecken sie eure Neugier, noch tiefer in die Geschichte dieser Pionierinnen und ihrer Spuren am Himmel einzutauchen.

Katherine Johnson (1918–2020)

US-amerikanische Mathematikerin »To the moon and back«

Katherine Johnson war Teil des »Colored Computer Office« der NASA und berechnete die Flugbahnen der ersten bemannten Raumflüge, darunter John Glenns Erdumrundung sowie die Mondlandung von Apollo 11. Als afroamerikanische Frau setzte sie sich in einer Zeit von Rassentrennung und Diskriminierung durch. Ihre Geschichte wurde durch den Film »Hidden Figures« weltberühmt.

Nancy Roman (1925–2018)

US-amerikanische Astronomin und Pionierin der Weltraumforschung

»We want to leave the Earth and explore the universe.«

Nancy Roman war eine der ersten führenden Astronominnen der NASA und wird oft als »Mutter des Hubble-Weltraumteleskops« bezeichnet, da sie eine maßgebliche Initiatorin dieses bahnbrechenden Projektes war. Der Nachfolger des Hubble-Teleskops trägt zu ihren Ehren den Namen Nancy-Grace-Roman-Weltraumteleskop.

Andrea Ghez (geb. 1965)

US-amerikanische Astronomin und Physikerin »Unveiling the mysteries of black holes«

Andrea Ghez ist eine der führenden Expertinnen für die Erforschung von Schwarzen Löchern. Mit präzisen Beobachtungen des galaktischen Zentrums konnte sie die Existenz eines supermassereichen Schwarzen Lochs im Zentrum der Milchstraße nachweisen. 2020 wurde sie dafür mit dem Nobelpreis für Physik ausgezeichnet.

Katie Bouman (geb. 1989)

US-amerikanische Informatikerin »Putting together the data puzzle«

Katie Bouman arbeitet in der Bildverarbeitung für das Event Horizon Telescope. Gemeinsam mit ihrem Team entwarf sie einen Algorithmus, der die Lücken in den Daten schließt, die von acht über die Welt verteilten Teleskopen gesammelt werden. So wurde es möglich, das erste Bild eines Schwarzen Lochs zu erzeugen. Bouman wurde dadurch weltweit bekannt und inspiriert viele junge Frauen für MINT-Fächer.

Hier findest du die Steckbriefe zum Download.
Teile Sie mit deinen Freund*innen und mache
diese tollen Frauen noch bekannter!

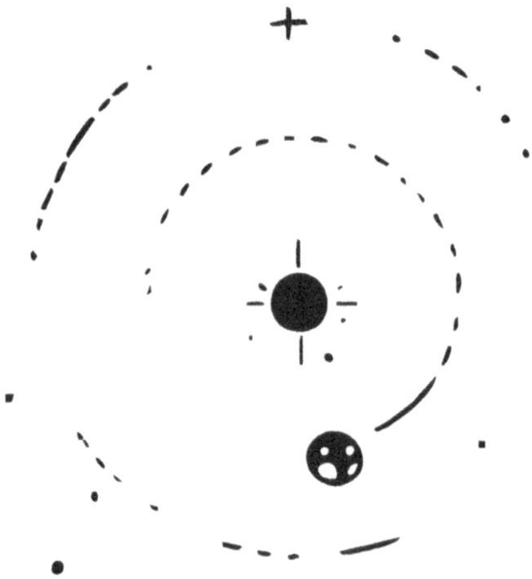

Lise Meitner und die Spaltung des Atoms

Eva
Elka, die Frauen, die du porträtiert hast und die nach den Sternen greifen, finde ich echt inspirierend!

Elka
Es gibt leider so viele Wissenschaftlerinnen, die nie die Anerkennung bekommen haben, die sie verdienen.

Eva
Eine Frau, die nicht nach den Sternen griff, sondern lieber ins Innere von Atomen geschaut hat, war Lise Meitner. Wahrscheinlich kennen die wenigsten ihren Namen, obwohl sie einen entscheidenden Beitrag zur Entdeckung der Kernspaltung geleistet hat!

Elka
Wie viele kluge Frauen, die in der Wissenschaft untergehen. In Fachkreisen nicht richtig gewürdigt und gesellschaftlich kaum bekannt.

Jana
Marie Curie ist irgendwie der einzige weibliche »Wissenschafts-Rockstar«, den alle kennen.

Elka
Curie hat auch als erste Frau den Nobelpreis bekommen. Aber viele andere gingen leer aus.
Eva
Übrigens, Lise Meitner war 49-mal nominiert!
Jana
49-mal?! Das ist mehr als Meryl Streep für den Oscar, sie hat 21 Nominierungen erhalten.
Eva
Hat Meryl Streep den Oscar auch gewonnen?
Jana
Ja, und zwar sogar drei Mal!
Elka
Und, was ist mit Lise Meitner?
Eva
Verrate ich noch nicht!
Jana
Dann erzähl mal, wer diese Frau war, die ein Atom zum Auseinanderbrechen brachte, aber selbst unter dem Druck der Geschichte niemals gebrochen ist.

Die Fakultät für Physik der Universität Wien befindet sich in der Boltzmanngasse 5 in Wien. Das alte Gebäude stammt noch aus der Kaiserzeit. Betritt man es über die alten, abgetretenen Steinstufen, so spürt man in allen Ecken und Winkeln den Geist der Wissenschaft. Man atmet die allgegenwärtige historische Atmosphäre ein, in der seit über hundert Jahren die Größen der Physik anzutreffen sind. Auch die Promis der

Gegenwart gehen hier ein und aus, wie Anton Zeilinger, der Nobelpreisträger für Physik des Jahres 2022. Ihn kann man hier durchaus auch in intimer Atmosphäre am Waschbecken der Männertoilette treffen, wie ich zwar nicht aus eigener Erfahrung weiß, mir aber männliche Kollegen berichtet haben. Geht man am Studierendenzimmer vorbei und die breiten Treppen hoch, über die Zwischengeschosse, wie man sie aus den prunkvollen Altbauten der Wiener Innenstadt kennt, gelangt man über einen Vorraum und eine schmale Treppe in den größten Hörsaal der Fakultät, den Lise-Meitner-Hörsaal.

Als ich mit Mitte dreißig beschlossen habe, meiner Karriere einen Twist zu geben, und mich für das Studium der Astronomie und Astrophysik an der Universität Wien einschrieb, hatte ich keine Ahnung von Atomphysik oder Kernspaltung und wusste auch nichts von einer Frau namens Lise Meitner. Über zehn Jahre nach meinem ersten Studium in Kommunikations- und Politikwissenschaft betrat ich also wieder die Uni und konnte ein gewisses Maß an Aufregung nicht unterdrücken. Die erste Vorlesung, die ich belegte, hieß »Einführung in die Rechenmethoden der Physik« und führte mich direkt in den Lise-Meitner-Hörsaal. Ich erkannte, dass alle Hörsäle an der Fakultät nach bekannten österreichischen Physikern benannt waren, wie etwa Ludwig Boltzmann, Ernst Mach oder Erwin Schrödinger. Nur ein Hörsaal, dafür aber der größte, war einer Frau gewidmet. Einer Frau, von der ich noch nie zuvor etwas gehört hatte. Das weckte meine Neugierde.

An einer Infotafel erfuhr ich, dass es sich um eine österreichische Physikerin handelt, die 1878 in Wien geboren worden war und auch hier studiert hatte, um anschließend in Berlin zu forschen, wo sie wesentlich an der Entdeckung der Kernspaltung beteiligt war.

Damals war mir weder die Bedeutung noch das Ausmaß ihrer Forschung auch nur annähernd bewusst. Erst später, als ich im Studium bereits vorangeschritten war und mich eingehender mit den Themen der Atom- und Kernphysik, aber auch der Geschichte der Physik beschäftigt hatte, den langen Prozessen und Irrwegen, aber auch genialen Geistesblitzen, die der Erkenntnis oft vorausgehen. Also erst, als ich verstand, wie das Wissen in unsere Welt gelangte, das wir heute oft als selbstverständlich hinnehmen, erkannte ich, welche Leistung Lise Meitner vollbracht hatte. Jedes Mal, wenn ich etwas Neues erfuhr, stiegen sowohl meine Faszination als auch die Bewunderung für diese außergewöhnliche Physikerin. Denn es wurde ihr keineswegs leicht gemacht. In eine Zeit geboren, in der für Frauen ein akademischer Bildungsweg nicht nur nicht vorgesehen, sondern sogar verboten war, hatte sich Lise Meitner in den Kopf gesetzt, Wissenschaftlerin zu werden.

Lehrjahre einer Physikerin

Österreich und die Stadt Wien waren in der patriarchalen Welt der Vergangenheit leider keine Ausnahme. Wie wir im vorherigen Kapitel von Elka bereits erfahren haben, erhielten Mädchen damals lediglich eine Grundbildung, die sich im Wesentlichen auf Lesen, Schreiben, Rechnen, ein wenig Handarbeit und Musik beschränkte. Viel mehr war auch kaum oder nur schwer möglich, denn Mädchen durften keine Gymnasien besuchen und konnten somit die Matura, also den Hochschulzugang (das, was in Deutschland »Abitur« heißt), nicht ablegen. Der Zugang zur Universität war ihnen dadurch verwehrt. Höhere Mädchenschulen boten zwar eine gehobenere Ausbildung an, jedoch wurde ihr Abschluss an den Universitäten nicht anerkannt. Frauen konnten damals nur dann eine Matura erwerben, wenn sie zur Abschlussprüfung an einem Gymnasium für Knaben antraten. Für diese sogenannte »externe Matura« mussten sie sich jedoch eigenständig vorbereiten und sich mit privaten Lehrern den gesamten Prüfungsstoff selbst aneignen. Man kann sich leicht vorstellen, dass dies nur wenigen Privilegierten zugutekam, da es nicht nur einen zeitlichen, sondern auch einen erheblichen finanziellen Aufwand mit sich brachte.

Lise Meitner besucht zunächst, wie damals üblich, eine Bürgerschule, eine städtische Schule, die auf praktische Berufe vorbereiten soll und nicht auf ein Studium an einer Universität. Dort zeigt sich bereits ihr naturwissenschaftliches Interesse für die Wissensfächer wie Geographie, Naturlehre und Geschichte, in denen sie sehr gute Noten erhält, während sie in »weiblichen Handarbeiten« und »Schönschreiben« lediglich mit »genügend« beurteilt wird – eine Gemeinsamkeit, die ich übrigens mit ihr teile.

Als Frauen ab 1897 in Wien an der philosophischen Fakultät der Universität zugelassen werden und Mathematik und Physik studieren können (natürlich nur, sofern sie die Matura besitzen), sieht Lise Meitner ihre Chance gekommen. Ab 1899 beginnt sie sich auf die Matura vorzubereiten. In zwei Jahren Privatunterricht eignet sie sich den gesamten Stoff dafür an. Sie lernt in jeder freien Minute und bereitet sich akribisch auf die Prüfung vor, die sie in einem Gymnasium, das sie nie besucht hat, und vor Lehrern, die sie nicht kennt, absolvieren muss. Der Mut, diese Schritte zu setzen, und auch ihre Zielstrebigkeit beeindrucken mich bis heute enorm. Nicht nur war die Vorbereitung teuer und nahm ihre gesamte Zeit und Aufmerksamkeit in Anspruch, sondern sie setzte sich damit auch über die Grenzen gesellschaftlicher und sozialer Normen hinweg. Sie beschritt einen Weg, der ungewöhnlich war, der von vielen Menschen durchaus kritisch beäugt und nicht goutiert wurde. Insbesondere das bürgerliche Umfeld, in dem sich die Familie Meitner bewegt, vertritt die klare Auffassung, dass ein anständiges Mädchen zuhause sein und sich mehr den »weiblichen Handarbeiten« verschreiben solle. Lises Eltern sind in diesen Belangen zwar liberaler, mit ihrer Absicht zu studieren anfangs jedoch nicht einverstanden. Erst nachdem ihre ältere Schwester ein Medizinstudium beginnt, geben sie nach. Lise gibt ihrerseits sogar Privatstunden, um einen Beitrag zu leisten und auch die Studien der älteren Geschwister finanziell zu unterstützen.

1901 ist es schließlich so weit und zusammen mit dreizehn anderen jungen Frauen tritt Lise als außerordentliche Kandidatin am Akademischen Gymnasium Wien zur externen Maturaprüfung an. Nur vier von ihnen bestehen – unter ihnen Lise Meitner und Henriette Boltzmann, die älteste Tochter von Ludwig Boltzmann, der bereits damals zu einem der Granden der Physik zählt und ein wichtiger Lehrer für Lise Meitner wird. Mit 22 Jahren hat Lise endlich die Matura in der Tasche und kann studieren. Sie belegt Vorlesungen in Physik, Mathematik und Philosophie. Fünf Jahre später, im Jahr 1906, erlangt sie als zweite Frau Österreichs im Hauptfach Physik den Doktortitel.

Zu meinem persönlichen Bedauern erfuhr ich Jahre später, dass Lise Meitner nicht in den gleichen Hörsälen wie ich studiert hatte. Das I. und II. physikalische Institut und das Institut für Theoretische Physik beziehen erst 1913 die Neubauten in der Strudlhofgasse 4 und Boltzmanngasse 5, wo sie sich heute noch befinden. Als Lise Meitner studierte, war das Institut in der Türkenstraße untergebracht. Heute erinnert eine Plakette an dem Gebäude daran, dass hier Boltzmann und Co ein- und ausgingen. Aber zumindest war ich im Hörsaal des Instituts für Chemie und saß an jenem Platz, an dem einst Albert Einstein einem Vortrag lauschte. Es gibt ein Foto davon, sowohl von Einstein als auch von mir. Allerdings nicht zusammen. Ein Foto von Einstein zusammen mit Meitner gibt es hingegen schon. Aber dazu später mehr.

Eine radioaktive Karriere

Zunächst gilt es für Lise Meitner als frisch gebackene Doktorin, sich Gedanken über ihre wissenschaftliche Karriere zu machen. Dabei hat sie Zweifel, ob sie für die Wissenschaft taugen würde, wie sie in einem 1964 veröffentlichten Beitrag über ihr Leben selbst schreibt:

Ich war mir sehr unsicher, ob ich Wissenschaftlerin werden könnte, also machte ich auch mein Lehramtsdiplom und absolvierte mein Probejahr an einer Mädchenschule, um mir diese Möglichkeiten offenzuhalten. Gleichzeitig versuchte ich, meine wissenschaftliche Ausbildung durch die Arbeit am Institut von Professor Boltzmann voranzutreiben.[2]

Ihre ersten Überlegungen gehen in Richtung Paris und zu Marie Curie. Lise Meitner bewundert die damals schon prominente Wissenschaftlerin. Da sie bereits erste Erfahrungen im Bereich der Radioaktivität gesammelt hat, käme ihr ein Forschungsaufenthalt in Frankreich bestimmt zugute. Allerdings ist sie sich nicht sicher, ob die chemisch-experimentelle Arbeit wirklich zu ihr passen würde. Schließlich entscheidet sie sich, nach Berlin zu gehen, um die Vorlesungen von Max Planck zu hören, den sie kurz davor in Wien gesehen hatte. Dieser war als möglicher Nachfolger

Ludwig Boltzmanns, der 1906 nach langer Krankheit freiwillig aus dem Leben schied, nach Wien gekommen. Max Planck hatte bereits über fünf Jahre zuvor seine bahnbrechende Strahlungstheorie veröffentlicht, in der er postulierte, dass ein Atom Energie nicht beliebig, sondern in bestimmten Mengen (den Quanten) aufnehmen und abgeben kann. Damit legte er den Grundstein für die kommende Quantentheorie. Albert Einstein konnte mit Plancks Theorie erklären, warum Metall bei Bestrahlung von Licht einer bestimmten Wellenlänge Elektronen aussendet. Für dieses als Fotoeffekt bekanntes Phänomen sollte Einstein später den Nobelpreis bekommen (und nicht für seine berühmte Relativitätstheorie). Boltzmann hatte in seinen Vorlesungen weder auf die Arbeiten von Planck noch von Einstein Bezug genommen. Als ihr Lehrer und Mentor hat Meitner jedoch ihr bisheriges physikalisches Wissen hauptsächlich von ihm erlernt. Als sie in Berlin mit den revolutionären Arbeiten von Planck und Einstein in Kontakt kommt, erscheint es ihr umso erstaunlicher, dass Boltzmann die »Quantenhypothese« mit keinem Wort erwähnt hatte.

Dass sie Berlin als nächste Station in ihrer wissenschaftlichen Karriere wählt, kann rückblickend als schicksalhafte Entscheidung betrachtet werden, deren Ausmaße ihr bestimmt nicht bewusst sind, als sie den Mut fasst, ihre Eltern von ihrer Entscheidung zu unterrichten. Der Aufenthalt ist für einige Semester geplant – und dauert schließlich 31 Jahre!

Der Ort war gut gewählt, Berlin war zu jener Zeit das pulsierende Zentrum der Physik, in dem sich viele namhafte Größen tummeln. Neben dem bereits erwähnten Max Planck halten sich dort beispielsweise auch Fritz Haber, der aufgrund seiner chemischen Kriegsführung im ersten Weltkrieg eine umstrittene Berühmtheit erlangen wird, sowie ab 1914 auch Albert

Einstein auf. Ihre Wahl bringt sie also direkt an den Puls der Forschung. Das gerade im Entstehen begriffene Forschungsgebiet der Radioaktivität gilt als innovativ und zukunftsweisend, ist quasi der letzte Schrei in der Physik. Als Lise Meitner in Berlin auf den Gleichaltrigen Otto Hahn, einen jungen Chemiker, trifft, liegt es also nahe, zusammen auf dem Gebiet der Radioaktivität zu forschen.

Jedoch schreiben wir erst das Jahr 1907 und Frauen in der Wissenschaft haben es immer noch nicht leicht, auch wenn sie einen Doktortitel in der Tasche haben wie Lise. Von gleichberechtigter Arbeit kann keine Rede sein. Frauen war damals der Zutritt zur Universität Berlin offiziell noch untersagt. Hahn muss den damaligen Institutsleiter, Emil Fischer, überreden, ihn mit Meitner zusammenarbeiten zu lassen. Dieser ist leider gar nicht begeistert, gewährt er Frauen doch weder Zugang zu seinen Vorlesungen noch zu den Laboren. Schließlich kann der Kompromiss errungen werden, dass Meitner im Keller des Chemischen Instituts arbeiten darf. Allerdings unter der Bedingung, dass sie den Hintereingang und die Toilette im Restaurant gegenüber benutzen würde, da es am Institut keine getrennten Toiletten gibt. In den folgenden zwei Jahren, bis zur Aufhebung des Verbots des Frauenstudiums in Preußen, ist sie auf diese Arbeit beschränkt und kann dementsprechend auch keine Weiterbildung in Sachen Radiochemie erlangen. Da Frauen offiziell nicht zugelassen sind, bekommt sie natürlich auch kein Gehalt. Mit der Aufhebung des Verbots darf Lise das Institut offiziell (über den Haupteingang) betreten und erfährt von Fischer in Zukunft sogar Unterstützung, Gehalt gibt es aber immer noch keines. Erst 1913 erhält sie eine reguläre Anstellung am neu gegründeten Kaiser-Wilhelm-Institut für Chemie – und damit auch ein Gehalt. Hurra!

Für Otto Hahn gelten freilich andere Rahmenbedingungen: Als Mann ist er als Mitarbeiter am Universitätsinstitut angestellt und bezieht von Anfang an ein Gehalt. Trotz dieser anfangs widrigen Umstände entwickelt sich zwischen Hahn und Meitner eine produktive Zusammenarbeit mit eingespielter Arbeitsteilung: Während Otto sich auf die chemischen Aspekte der Experimente konzentriert, liegt Lises Stärke in der physikalischen Analyse. Ihre Arbeit trägt langsam erste Früchte und sie entdecken gemeinsam das neue chemische Isotop Protactinium-231 und andere radioaktive Isotope.

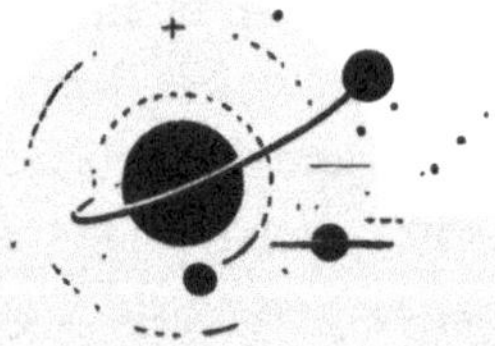

Was sind Isotope?

Isotope sind Varianten eines chemischen Elements, die sich durch die Anzahl ihrer Neutronen unterscheiden, aber die gleiche Protonenzahl haben. Aufgrund der unterschiedlichen Neutronenanzahl haben sie trotz chemisch gleicher Eigenschaften geringfügig unterschiedliche Massen. Isotope eines Elements variieren also in der Massenzahl, haben aber die gleiche Ordnungszahl.

Wasserstoff, das am einfachsten aufgebaute Element, enthält lediglich ein Proton und ein Elektron. Ein Isotop des Wasserstoffs ist Deuterium. Es hat ein Neutron und ein Proton im Atomkern und wird aufgrund seiner Masse »Schwerer Wasserstoff« genannt. Ein weiteres Isotop ist Tritium (oder, wenn wir der Logik weiter folgen, auch »Superschwerer Wasserstoff«), das zwei Neutronen und ein Proton im Kern hat. Es entsteht auf natürliche Weise durch kosmische Strahlung in der Atmosphäre. Es ist leicht radioaktiv und vielleicht noch einigen als Leuchtfarbe in Zifferblättern von Uhren bekannt.

Nach dem Ersten Weltkrieg erfährt die Karriere von Lise Meitner langsam Aufwind: Sie wird Leiterin der physikalisch-radioaktiven Abteilung des Kaiser-Wilhelm-Instituts und ein knappes Jahrzehnt später außerordentliche Professorin für experimentelle Kernphysik an der Berliner Universität. Mit diesem Karriereschritt wird sie Deutschlands erste Physik-Professorin. Meitner ist zu diesem Zeitpunkt schon fast 50 Jahre alt. Sie ist mittlerweile etabliert in der Physik-Szene, hat Marie Curie und Albert Einstein kennengelernt, der sie respektvoll »unsere Marie Curie«[3] nennt. Und das zu Recht! In Deutschland und Österreich ist Lise Meitner oft die erste Frau in wissenschaftlichen Top-Positionen. Sie ist nicht nur die erste Abteilungsleiterin in einem Kaiser-Wilhelm-Institut, sondern auch das erste weibliche wissenschaftliche Mitglied der Kaiser-Wilhelm-Gesellschaft und die erste Wissenschaftlerin, die die Silberne Leibniz-Medaille der Preußischen Akademie der Wissenschaften erhält. Diese Beispiele zeigen, dass sie in diesem männlich dominierten Bereich durchaus akzeptiert und anerkannt wird.

Flucht und die große Entdeckung

Während sie in der Wissenschaft große Fortschritte macht, entwickelt sich um sie herum ein Deutschland, das nicht wiederzuerkennen ist. Ab 1930 ist nicht nur ihre Arbeit bedroht, sondern auch ihr Leben. Schon 1933 wird ihr die Lehrbefugnis entzogen und nur drei Jahre später muss sie sicherheitshalber alle öffentlichen Auftritte absagen. Als Österreicherin in Berlin ist sie als »Ausländerin« trotz ihrer jüdischen Abstammung vorerst noch in Sicherheit. Mit dem Anschluss Österreichs an Deutschland verliert sie diesen Status und es wird lebensgefährlich für sie. In einer Nacht-und-Nebel-Aktion verlässt sie 1938 fluchtartig Berlin und findet Exil bei Verwandten in Schweden. Vom wissenschaftlichen Standpunkt aus gesehen konnte es keinen schlechteren Zeitpunkt dafür geben, denn nach jahrelanger Forschung mit Otto Hahn und seinem Kollegen, dem deutschen Chemiker Fritz Straßmann, stehen sie kurz vor dem Durchbruch. In ihren Experimenten mit Otto Hahn haben sie sich in den vergangenen vier Jahren auf die Untersuchung der Radioaktivität konzentriert und das Verhalten schwerer Elemente wie Uran und Thorium unter Neutronenbeschuss erforscht. Ihr Ziel ist es, sogenannte »Transurane« zu finden, Elemente, die schwerer als Uran sind. Auf diesem Gebiet findet damals jede Menge Forschung statt: Der britische Physiker James Chadwick hat erst ein paar Jahre zuvor, 1932, das Neutron entdeckt, jenes ungeladene Teilchen, das zusammen mit den positiv geladenen Protonen den Atomkern bildet. Der italienische Physiker Enrico Fermi hatte als Erster begonnen, Atomkerne mit Neutronen zu beschießen, in der Hoffnung, jene Transurane zu finden.

Allerdings verhalten sich die Atome zunächst nicht, wie sie es sollen oder wie es die Forschenden erwarten. Denn statt sich in ein schwereres Element zu verwandeln, tauchen in den Proben leichtere Elemente wie Barium auf. Das widersprach der damaligen Vorstellung der Atomphysik. Man wusste, dass sich Elemente durch Abgabe radioaktiver Strahlung umwandeln konnten, jedoch nur in Elemente, die sich nicht zu sehr von ihren Vorgängern unterschieden. Die Beobachtung von Hahn und Straßmann widerspricht dem aber klar. Barium ist definitiv kein chemisches Element, das dem Uran ähnlich ist. Wo kam es her? War es eine Verunreinigung?

Durch weitere Tests in Berlin findet Otto Hahn heraus, dass es sich eindeutig um Barium handelt, kann seine Anwesenheit aber immer noch nicht ganz erklären. Lise Meitner, die Theoretikerin, die das Rätsel vielleicht lösen könnte, ist bereits geflohen – wie übrigens zwei Drittel der Atomforscherinnen und Atomforscher, die Deutschland aufgrund der Nazi-Herrschaft bis Kriegsende verlassen. Lise Meitner und Otto Hahn stehen jedoch weiterhin in Kontakt, und so schreibt Otto im Dezember 1938 einen Brief nach Schweden, in dem er Lise von seinem Ergebnis, Barium eindeutig nach der Kollision von Neutronen mit Uran-Atomkernen identifiziert zu haben, berichtet. Er bittet sie um ihre Einschätzung. Ihre Expertise als Chemiker hatten Hahn und Straßmann bereits in einem Paper zusammengestellt, das sich in ihren Schlussfolgerungen jedoch recht vage hält. Offenbar will man sich, im Falle einer falschen Interpretation, die Blamage ersparen:

Als Chemiker müssten wir aus den kurz dargelegten Versuchen das oben gebrachte Schema eigentlich umbenennen und statt Ra, Ac, Th [Radium, Actinium, Thorium] die Symbole Ba, La, Ce [Barium, Lanthan, Cer] einsetzen. Als der Physik in gewisser Weise nahestehende »Kernchemiker« können wir uns zu diesem, allen bisherigen Erfahrungen der Kernphysik widersprechenden, Sprung noch nicht entschließen. Es könnten doch noch vielleicht eine Reihe seltsamer Zufälle unsere Ergebnisse vorgetäuscht haben.[4]

Meitner nimmt sich des Problems an und bespricht den Brief mit ihrem Neffen Otto Robert Frisch. Dieser hat, wie seine Tante, in Wien Physik studiert und war anschließend ebenfalls nach Berlin gegangen. Er hat Deutschland allerdings schon 1933 verlassen und ist zu jener Zeit bereits einige Jahre bei Niels Bohr am Institut in der dänischen Hauptstadt Kopenhagen beschäftigt. Er besucht sie während der Weihnachtsfeiertage, wo sie wunderbar über Kernphysik diskutieren und die rätselhaften Ergebnisse der Forschung aus Berlin besprechen. Am Morgen des 24. Dezembers machen sie sich auf in die winterliche Landschaft von Kungälv und stapfen durch den Schnee der schwedischen Wälder, während sie die chemische Analyse diskutieren. Lise vertraut dem Ergebnis von Otto und Fritz. Unter dieser Prämisse kann es nur eine Schlussfolgerung geben: Was, wenn der Uran-Kern in zwei Teile zerfällt? Könnte das das Auftreten von Barium erklären? Wie es sich für ordentliche Forschende gehört, haben die beiden natürlich Bleistift und Papier dabei. Also wird die Energiemenge, die bei einem derartigen Zerfall freigesetzt werden würde, berechnet – gemäß Einsteins weltbekannter Formel, $E=mc^2$. Das Ergebnis: Die Kernspaltung setzt jede Menge Energie frei, weil die Summe der Massen der Bruchstücke geringer ist als die des Ausgangskerns. Der Vorgang setzt mehr Energie frei, als jeder andere Prozess liefern kann! Ihre erste Abschätzung ergibt für die freigesetzte Energie der Kernreaktion 200 Millionen Elektronenvolt (MeV) – pro Atom! Zum Vergleich: Bei einer chemischen Reaktion sind dies im Durchschnitt nur 5 Elektronenvolt (eV).

Was ist Kernspaltung?

Wer Haarspalterei als kleinlich empfindet, wird bei Kernspaltung eines Besseren belehrt. Aber was passiert dabei und vor allem warum?

Um Kernspaltung zu verstehen, muss man wissen, dass die Kernbausteine (Protonen und Neutronen) in einem Atomkern durch die sogenannte »starke Kernkraft« wie mit einem Kleber zusammengehalten werden. Dieser Superkleber ist zwar sehr stark, wirkt aber nur über kurze Distanzen: Da die Kernteilchen sehr klein sind, muss sie aber eigentlich auch nicht sehr weit wirken. Wir sprechen hier im Übrigen von einer Reichweite von eins bis drei Femtometer (das sind 10 hoch minus 15 Meter, 15 Stellen hinter dem Komma, also wirklich winzig klein). Nun werden sich einige noch an die Schule erinnern und sagen: »Moment, im Kern sind doch die positiv geladenen Protonen, und ich weiß noch ganz genau, dass sich gleiche Ladungen abstoßen!« Das ist völlig richtig! Die elektrostatische Abstoßung der Protonen wirkt unmittelbar auf seine Nachbarn im Kern. Atomkerne befinden sich daher in einem empfindlichen Gleichgewicht der Kräfte, in dem die starke Kernkraft dafür sorgt, dass Protonen und Neutronen dicht im Kern gebunden sind, obwohl sich die Protonen eigentlich gegenseitig abstoßen. Je größer ein Kern ist – und der Kern von schweren Elementen wie dem Uranisotop Uran-235 ist wirklich groß (92 Protonen und 143 Neutronen) –, desto einfacher ist es, das fragile

Spiel der Kräfte aus dem Gleichgewicht zu bringen. Die große Anzahl der Protonen sorgt für eine stärkere Abstoßung, wodurch der ganze Kern instabiler wird – besonders, wenn er ein Neutron einfängt. Die Wahrscheinlichkeit, dass der Kern zerbricht, steigt.

Genau das passiert bei der Kernspaltung: Ein Atomkern zerfällt in mehrere Spaltprodukte und setzt dabei vergleichsweise ungeheure Mengen an Energie frei. Dabei entstehen auch zwei bis drei freie Neutronen als weitere Spaltprodukte. Diese können weitere Kerne spalten und so eine Kettenreaktion auslösen. Das ist auch das Prinzip hinter der Atombombe, bei der dieser Prozess unkontrolliert abläuft, was zu einer massiven und schnellen Energieabgabe führt – oder, anders gesagt, einer Explosion. In Kernkraftwerken hingegen wird dieser Prozess zur Stromerzeugung kontrolliert.

Die Stromerzeugung und die Atombombe liefern uns Beispiele für die praktische Anwendung des Kernspaltungsprozesses, auch wenn Letztere nicht erstrebenswert ist. Die Erforschung der Struktur des Atomkerns und deren mögliche Kernreaktionen, speziell die Entdeckung der Kernspaltung, sind für die Astronomie und die Astrophysik ganz besonders wichtig. Denn dieses Wissen bildet die Grundlage für unser heutiges Verständnis der Abläufe im Inneren der Sterne.

Insbesondere die Bildung von Elementen in Sternen und Supernovae-Explosionen, die sogenannte »Nukleosynthese«, beruht auf den von Meitner, Hahn und Straßmann entdeckten Mechanismen. Unter extremen Bedingungen entstehen im Inneren von Sternen durch Kernfusionsprozesse Elemente wie Kohlenstoff, Natrium, Magnesium und viele andere, die nur deswegen auf der Erde und in unseren Körpern vorkommen – und somit das Leben erst ermöglichen.

Wie die Kernfusion im Speziellen bei Sternen abläuft, kannst du im Kapitel »Exoplanetenforschung« von Jana nachlesen.

Wie viel Energie tatsächlich im Atomkern steckt, sollte sich in den kommenden Jahren auf dramatische Weise zeigen. Neun Monate nach ihrer Veröffentlichung der Theorie zur Kernspaltung im Januar 1939 bricht der Zweite Weltkrieg aus. Otto Robert Frisch selbst eilt nach den Feiertagen zurück ins Labor und bereits Mitte Januar gelingt es ihm in einem physikalischen Experiment, die hohe Energie der Kernspaltungsprodukte nachzuweisen. Die physikalische Deutung der Kernspaltung von Meitner und Frisch sorgt für entsprechende Aufregung in der Welt der Wissenschaft. In Windeseile werden die Ergebnisse nachgerechnet und experimentell überprüft. O. R. Frisch ist es auch, der im März 1940 zusammen mit Rudolf Peierls an der Universität von Birmingham in England ein Memorandum verfasst, das die wissenschaftliche Machbarkeit einer Atombombe beschreibt. Als 1942 das Manhattan-Projekt in den USA ins Leben gerufen wird, dient dieses Dokument unter anderem als Grundlage für die Entwicklung der Atombombe.

Im Manhattan-Projekt wurden die Erkenntnisse der Kernspaltung militärisch umgesetzt. Unter Einsatz gewaltiger personeller und finanzieller Ressourcen gelang innerhalb kürzester Zeit die Entwicklung der Atombombe. Otto Frisch selbst arbeitet ab 1943 mit. Den traurigen Höhepunkt erlebt das Projekt, als am 6. August 1945 die »Little Boy« genannte Bombe auf Hiroshima fällt. Mit dem Abwurf der zweiten Bombe auf Nagasaki ist die Welt eine andere.

Meitner lehnt die militärische Nutzung ihrer Forschung zeit ihres Lebens entschieden ab und ist erschüttert darüber, zu welch zerstörerischem Zwecke ihre Entdeckungen geführt haben. Der Abwurf der beiden Atombomben mit über 200.000 Toten ist ein großer Schock für sie. Nach dem Ende des Krieges übersiedelt sie nach England und unterrichtet bis 1960 an der Universität in Cambridge Physik. Als sie 1968 im Alter von 89 Jahren stirbt, hat sie zahlreiche Ehrungen und Auszeichnungen erhalten, die ihre wissenschaftliche Leistung würdigen. Einzig der Nobelpreis bleibt ihr vorenthalten, obwohl es nicht an Nominierungen mangelte. Lise Meitner wurde 49-mal für den prestigeträchtigen Preis vorgeschlagen, allein Max Planck schlug sie sieben Mal vor, und trotzdem ging sie jedes Mal leer aus. Otto Hahn erhielt den Nobelpreis für Chemie 1944, für die Entdeckung der Kernspaltung. Er selbst nominiert Meitner für den Physiknobelpreis vier Jahre später. Es ist ein viel diskutiertes Thema, ob die alleinige Vergabe des Preises an Hahn gerechtfertigt ist oder nicht. Dass Hahn der chemische Nachweis gelang, ist unbestritten. Ebenso wie die physikalische Deutung durch Meitner und Frisch. Ob diese dann im Gegenzug den Physiknobelpreis verdient hätten, ist eine berechtigte Frage. Dass eine Person beinahe fünfzig Mal nominiert wird, zeigt, wie sehr sie in der Forschung und in ihrer Kollegenschaft wertgeschätzt wurde. Die Ungerechtigkeit, Lise Meitner bei der Vergabe nicht zu berücksichtigen, kann man dem Nobelpreiskomitee durchaus vorwerfen. Ob dafür Zeitgeist oder konkrete Personen verantwortlich waren, muss Spekulation bleiben, aber dass Lise Meitner mit ihrem »Chef« in Stockholm, dem Institutsleiter Manne Siegbahn, keine Freundschaft pflegte, ist bekannt. Wenn man zudem bedenkt, dass Siegbahn, selbst Nobelpreisträger, im Vorsitz des Nobelpreis-Komitees saß und eine einflussreiche Person mit einem großen Netzwerk war, bedarf es nicht viel Fantasie, um sich einen Reim darauf zu machen. Ein Schelm, wer Böses dabei denkt!

Immerhin finden sich aber mittlerweile an vielen Orten, an denen diese bemerkenswerte Physikerin wirkte, Gedenktafeln und Denkmäler, die zeigen, dass ihre Leistung durchaus anerkannt wird. So wurde 1997 das chemische Element Meitnerium mit der Protonenzahl 109, das erstmals in den 1980er Jahren erzeugt wurde, nach ihr benannt. Seit 2016 würdigt zudem ein Denkmal im Arkadenhof der Universität Wien die Leistungen dieser außergewöhnlichen österreichischen Physikerin, die unbeirrt ihren Weg ging und trotz zahlreicher Hürden und Hindernissen niemals aufgab. Dass die Büste just in jenem Jahr aufgestellt wurde, an der ich meine naturwissenschaftliche Karriere in Form eines Astronomie-Studiums begann und meine Begeisterung für die Physik entdeckte, ist entweder nur ein Zufall oder ein Indiz dafür, dass mir noch einiges an großen Entdeckungen bevorsteht. Einem Vorbild wie Lise Meitner gerecht zu werden, ist zwar alles andere als einfach, aber ich kann auf jeden Fall versuchen, in ihre Fußstapfen zu treten.

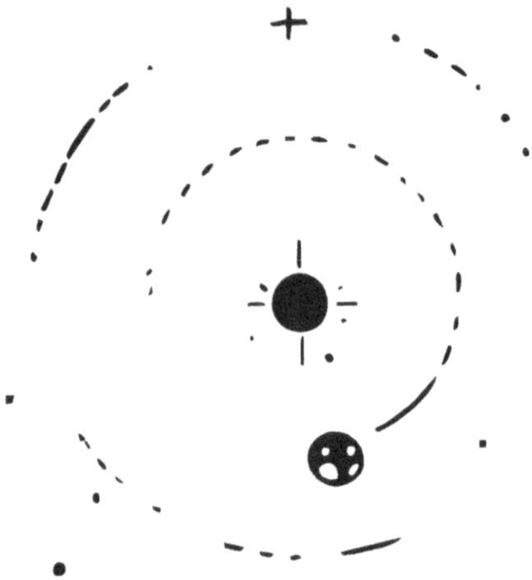

Sternlose Welten

Elka

Was meint ihr, haben wir mit der Erde besonders viel Glück gehabt oder muss ein Planet, der bewohnbar sein soll, schlicht »perfekt« sein?

Jana

Gute Frage. Da fällt mir eine Antwort schwer. Aber gerade wenn man die bisher entdeckten Exoplaneten mal anguckt, wird sofort klar, wie paradiesisch die Erde ist. Kein wütender Stern vor der Haustür, keine instabile Bahn ...

Eva

... keine unüberwindliche Gravitation, die uns an den Planeten kettet, keine tausende Kilometer tiefen Ozeane! Allein die Vorstellung ist gruselig.

Jana

Es geht noch gruseliger.

Elka

...

Eva

...

Jana

Es gibt Planeten dort draußen, die haben gar keinen Stern, der wie bei uns im Zentrum des Systems steht. Oder überhaupt einen Heimatstern.

Eva

Eine Welt, in der nie die Sonne aufgeht?

Elka
Ewige Dunkelheit?
Jana
Exakt. Eiskalte Welten, praktisch unsichtbar und völlig allein.
Eva
Aber das ist selten, oder?
Jana
Oh nein. Ganz im Gegenteil ...

Manchmal stelle ich mir vor, völlig allein mit einem Raumschiff den Kosmos zu erkunden. Es ist ein kleines Schiff mit einem runden Beobachtungsdeck, das riesig große Scheiben hat, hinter denen sich die Flut der Sterne erhebt. In der Mitte steht ein gemütlicher Sessel, der mich immer wieder aufs Neue weich empfängt, während das Schiff hunderte Lichtjahre zurücklegt und mich in jede Ecke des Universums führt. Es ist eine träumerische und romantisierte Vorstellung, frei von den Grenzen der Technik und psychischer Belastung durch Einsamkeit.

Während meines Physikstudiums hütete ich mich davor, solche Fantasien mit meinen Mitstudierenden zu teilen. Ich war umgeben von Wissenschaftler*innen und solchen, die es werden wollten. Ich hatte das Gefühl, dass es hier an der Universität ganz allein um harte Fakten ging. Aber immer, wenn das Studium wieder mal besonders herausfordernd wurde (was mindestens zu jeder Klausurphase der Fall war), fand ich zurück in meine Tagträumerei. Sie konnte mich motivieren, mir die Prüfungsangst nehmen und wieder vor Augen führen, weshalb ich mich mit Wellenfunktionen und Integralrechnungen herumplagte. Ich habe eine tiefgreifende Faszination für das Universum. Ich möchte es erforschen und erleben, auch wenn ich nicht selbst mit einem Raumschiff durch die Galaxie zischen kann. Heute glaube ich, dass solche Fantasien ein ganz essenzieller Teil meiner Entscheidung waren, Astronomin zu werden. Und dass viele Kolleg*innen, egal ob sie noch akademisch arbeiten oder nicht, ähnlich träumen. Bei akademischer Arbeit gilt es selbstverständlich, an den richtigen Stellen strikt zu trennen zwischen Fakt und Fiktion. Aber im Großen und Ganzen bleibt es wichtig, zu träumen, wie ich finde. Für mich ist es die Quelle der Motivation, Inspiration und Lebensfreude. Wenn ich daran denke, was dort draußen alles noch darauf wartet, entdeckt zu werden, schöpfe ich neue Hoffnung und Energie.

Und so reise ich ab und an mit meinem imaginären Raumschiff durch die unendliche Leere, vorbei an Supernova-Explosionen und Schwarzen Löchern. Manchmal ohne konkretes Ziel, einfach schwebend in der Dunkelheit und Stille. Wir Menschen haben die unwahrscheinlich geniale Fähigkeit, Dinge, die wir noch nie gesehen haben, in unserem Kopf zum Leben zu erwecken. Und so können wir auch das Universum kennenlernen, selbst wenn wir unseren eigenen Planeten nicht verlassen. Wir machen uns also mental auf in die Dunkelheit. Wenn wir auf unserem Flug durch das Universum geduldig genug sind, dann taucht zwischen den Milliarden Sternen unserer Galaxie hin und wieder ein Schattenwesen auf. Dieses Wesen ist in der Schwärze so schwierig zu erkennen, dass man ohne weiteres damit kollidieren könnte. Aber das phantastische Raumschiff ist natürlich bedacht gesteuert und kommt im richtigen Moment zum Stehen.

Vor uns erhebt sich eine gigantische, pechschwarze Wand. Sie verdeckt die Sterne der Milchstraße, die sonst überall um uns herum leuchten, und nur an den

Rändern glänzt sie sanft wie ein erloschenes Streichholz. Es ist eine ganze Welt. Ein sternloser Planet, inmitten der Leere, getaucht in Dunkelheit. Ein Rogue-Planet, Freefloater, iPMO (isolated Planetary Mass Object), einsamer Wanderer, wie auch immer man es nennen mag: Es ist ein Objekt, das nicht von sich aus leuchtet. Und es schwebt einsam, ohne Stern, der es im All verankert. Es mag auf gewisse Weise unheimlich klingen, doch es gibt Milliarden oder sogar Billionen dieser Rogues in unserer Milchstraße. Wahrscheinlich mehr, als es Sterne gibt. Verwaiste Planeten, praktisch unsichtbar und gefangen in ewiger Kälte und Dunkelheit.

Aber wie konnten wir sie finden, wenn sie doch nicht beleuchtet werden? Wo kommen die alle überhaupt her? Was geschieht mit ihnen und was erwartet uns auf einer solchen planetaren Oberfläche? Doch sicherlich kein Leben … oder?

Die erste Entdeckung

Beginnen wir, da das meist sinnvoll ist, von vorne. Die ersten Rogues entdeckte man im Jahr 2000. Spanische und britische Forschende stellten gleichzeitig Ergebnisse vor, die auf Objekte hinwiesen, die nicht genug Masse hatten, um im Inneren die nötigen Temperatur- und Druckverhältnisse zu erreichen, die für Kernfusion nötig wären. Die wissenschaftliche Gemeinschaft war verwirrt. Denn diese Objekte, entdeckt von den spanischen und britischen Teams, standen praktisch ganz allein im Raum. Das kennt man eigentlich nur von Sternen. Aber Kernfusion im tiefsten Inneren macht einen kosmischen Körper überhaupt erst zum Stern. So leuchten sie aus sich selbst heraus, denn in ihrem Inneren wird Energie frei. Planeten tun das in dieser Form nicht, denn dafür haben sie nicht genügend Masse. Im Kapitel »Hatte die Sonne einen bösen Zwilling?« findet ihr eine genauere Erklärung, ab wann ein Objekt ein Stern und kein Planet mehr ist. Die Objekte des spanischen und britischen Teams waren in jedem Fall weit weg davon, von allein zu leuchten wie ein Stern. Sie waren kalt, einsam und dunkel. Die perfekte Tarnungsstrategie im Universum.

Wir entdecken zwar schon länger andere Planeten dort draußen, sogenannte Exoplaneten, doch diese kreisen um andere Sterne. Wie im Kapitel »Exoplanetenforschung« ausführlich beschrieben, können wir sie in den Weiten des Universums finden, indem wir ihren Einfluss auf diese Sterne beobachten. Selbst die Planeten des Sonnensystems, die wir nachts mit bloßem Auge am Himmel erkennen, wie Venus oder Jupiter, leuchten nicht einfach im sichtbaren Bereich von allein wie die Sterne. Das Licht, das wir sehen, als würde es von ihnen ausgehen, oder das scheinbare Strahlen des Mondes ist eigentlich reflektiertes Sonnenlicht. Sie sind nur sichtbar, weil die Sonne in ihrer Nähe existiert. Wie kann man also ein nicht leuchtendes Objekt ohne nahen Stern, der dessen Position verrät, in der Leere des Alls finden, wenn man nicht gerade aus Versehen mit einem Raumschiff damit kollidiert?

Wenn wir Dinge im All finden möchten, dann nutzen wir meistens Photonen, also elektromagnetische Strahlung. Eine Form dieser Strahlung ist sichtbares Licht. Aber auch die für unsere Augen unsichtbare Röntgen- oder Infrarotstrahlung gehört dazu. Und Letztere kann tatsächlich die gut versteckten Rogue-Planeten enttarnen. Wenn wir uns einen menschlichen Körper ansehen, eine Tasse Kaffee oder einen Stein, dann würden wir keines dieser Objekte als »leuchtend« beschreiben. Doch tatsächlich strahlen sie. Zwar nicht in dem für uns mit bloßem Auge sichtbaren Bereich, aber dafür im infraroten. Es ist die Wärmestrahlung, die jeder Körper abgibt, solange er nicht auf den absoluten Nullpunkt, also 0 Kelvin oder –273,15 Grad Celsius, abgekühlt ist.

Mit einer Wärmekamera sehen wir die Tasse Kaffee, wenn sie frisch zubereitet ist, besonders hell leuchten. Ein menschlicher Körper erscheint etwas dunkler (wobei die Körpermitte mit den lebenswichtigen Organen stets warmgehalten wird und heller strahlt, während Hände und Füße als weniger essenzielle Körperteile schneller abkühlen und weniger Wärmestrahlung abgeben) und ein Stein wird nur schwach glimmen, wenn er in der Kälte lag. Wärmestrahlung können wir zwar ohne spezielle Technik nicht sehen, bis zu einem gewissen Grad aber spüren. Nämlich, man ahnt es vielleicht bereits, als Wärme. Wir können die Wärme eines Heizkörpers, eines Steins, der in der Sonne lag, oder eines anderen Menschen spüren. Das ist nichts anderes als von der Haut absorbierte Wärmestrahlung.

Die Messinstrumente der Astronomie können sogar die Wärmestrahlung von sehr kalten Objekten, Lichtjahre weit entfernt, irgendwo in der großen Dunkelheit noch erkennen. Die Intensität der Strahlung wird aber mit abnehmender Temperatur immer geringer und die meisten Rogues sind eiskalt, denn es fehlt ja die wärmende Nähe eines Sterns. Zum Glück für uns Astronom*innen sind sie jedoch (noch) nicht ganz auf den absoluten Nullpunkt abgekühlt. Aber woher kommt diese Wärmestrahlung der Planeten überhaupt?

Planeten entstehen durch die Ansammlung von Materie, ein Prozess, der eine Menge Wärme entstehen lässt. Während das Gas und der Staub kollabiert und die Kugel des zukünftigen Planeten formt, wird die gravitative potenzielle Energie in Wärme verwandelt. Diese Wärme wird im Planeten eingesperrt und braucht lange – Milliarden Jahre –, um zu verschwinden. Gerade der felsige Kern eines Planeten bleibt oft weit nach seiner Entstehung und Abkühlung der Oberfläche noch geschmolzen. Die Erde ist das beste Beispiel. Durch die Wärme der Entstehung und den Zerfall radioaktiver Elemente wie Uran, Thorium oder Kalium im Inneren unseres Planeten bleibt der Erdkern so heiß, dass das Gestein und vor allem das Eisen dort schmilzt. Das hat nichts direkt mit der Sonne zu tun, sondern ist eine Wärme aus dem Planeten selbst heraus. Auch die kühlsten Rogue-Planeten strahlen noch immer sanfte Wärme im Bereich von etwa 30 Kelvin beziehungsweise –243,15 Grad Celsius ab. Diese Temperatur ist mit den äußersten Planeten des Sonnensystems, Uranus und Neptun, vergleichbar. Die bekommen aufgrund ihrer gewaltigen Entfernung nur wenig Sonnenstrahlung ab.

Eine solche Wärmestrahlung ist nicht besonders intensiv. Doch die mächtigen Infrarot-Teleskope können selbst diese schwache Strahlung der Rogue-Planeten aufspüren. Und so machten wir im Jahr 2000 zum ersten Mal die unsichtbaren, dunklen Welten sichtbar. Ein schwaches Glühen in der Dunkelheit. Sofort wollte die Forschung wissen, ob es noch mehr von diesen Dingern gab. Die Suche begann und kurz darauf tauchten mehr Rogues aus der angeblichen Leere auf. Sternlose Welten, stumme Wanderer, die einsam durch die Galaxie ziehen. Heute sucht das beste Infrarot-Teleskop der Welt, das James-Webb-Space-Teleskop, in der Erdumlaufbahn den Himmel für uns ab. Rogue-Planeten hat es Dutzende entdeckt.

Die Entstehung

Vorgänge im Kosmos ziehen sich bekanntermaßen. Ein Stern entsteht über Millionen Jahre hinweg, ein Planet braucht fast ebenso lang. Wir können nicht einfach irgendwo hinsehen und hoffen, dass uns der Kosmos eine nur wenige Jahre dauernde zusammenhängende Demonstration seiner Funktionsweisen gibt. So einfach gibt er seine Geheimnisse nicht preis. Und so müssen wir unterschiedliche Beobachtungen und Theorien zusammensuchen und aneinander anlegen, wie ein großes Puzzle. Das Bild, das dadurch entsteht, ist fast immer unvollständig. Aber wir sind mit dieser Methode in der Vergangenheit bereits erfolgreich gewesen. Immer wenn man merkt, dass man Vorhersagen darüber treffen kann, welches Stück wohl in eine Lücke passen könnte, weiß man, dass man auf der richtigen Spur ist. Und wenn man diese Vorhersage, dieses vermutete fehlende Puzzlestück, mit einer Beobachtung bestätigen kann, dann feiert die Wissenschaft einen weiteren bahnbrechenden Erfolg. Dann haben wir unser Gehirn und unsere beeindruckende Fähigkeit des Weiterdenkens und logischen Schlussfolgerns eingesetzt, um Wahrheit zu beschreiben, bevor wir sie beobachtet haben. Das ist das ultimative und überzeugendste Argument, weshalb Wissenschaft in ihrer idealen Form rein objektiv ist.

Wie sieht also das Puzzle der Rogues aus? Selbstverständlich wurden hier seit der ersten Entdeckung bereits einige Theorien und Beobachtungen zusammengetragen.

Wie sieht so ein Rogue eigentlich aus?

Bisher können wir über die genaue Zusammensetzung der Rogues leider nur spekulieren. Um Genaueres über ihre Oberflächen und Verhältnisse dort zu erfahren, bräuchten wir wieder, wie im Kapitel »Exoplanetenforschung« erklärt, einen nahen Stern, dessen Licht durch die Atmosphäre dieser besonderen Planeten filtert.

Dieser Stern aber fehlt hier. Die Sterne im Hintergrund sind so weit entfernt, dass ein Rogue-Planet sie beim Vorbeizug schlicht völlig bedecken würde und somit keinerlei Licht durch die Atmosphäre hindurchgeht. Wir kennen meistens nicht mal ihre Masse oder genaue Größe und nur sehr grob die Temperatur. Damit kann man natürlich Spekulationen anstellen, aber viel mehr auch nicht.

Nach aktuellem Stand gibt es grundsätzlich zwei unterschiedliche Theorien für die Entstehung von Rogue-Planeten, die jeweils sehr unterschiedliche Planetenformen hervorbringen. Für die erste Option reisen wir mit unserem Raumschiff an einen anderen, weniger ruhigen Ort. Einen Ort, an dem, auf kosmischer Skala betrachtet, sehr schnell Neues geschieht. Wir befinden uns bei einer Wolke aus Gasen und Staub, die im interstellaren Raum zu kollabieren beginnt. Ihr eigenes Gewicht drückt nach innen, das Gas dort wird heißer und beginnt zu strahlen. Gerade im Infrarotbereich kann man das gut erkennen. Durch die Strahlung kühlt das Gas aber auch wiederum ab, was bedeutet, dass es weiter zusammengepresst werden kann. Dieses Zusammenspiel aus Strahlung und Gravitation führt dazu, dass die Molekülwolke vor uns schrumpft. Doch sie konzentriert sich nicht auf ein einziges Zentrum. Wir können zusehen (mit sehr viel Geduld), wie die einst gleichmäßige Wolke beginnt, zu fragmentieren. Es entstehen viele Klumpen, die sich unaufhaltsam verdichten, immer schneller und schneller. Wenn das Fragment massereich genug ist, dann kommt es irgendwann im Zentrum zu den bereits erwähnten 10 Millionen Kelvin und mehr und somit zur Geburt eines Sterns. Allerdings haben wir mit Theorie und Beobachtung herausgefunden, dass es auch deutlich kleinere Klumpen in der Gaswolke gibt, die es niemals schaffen, Sterne zu werden. Einerseits solche, die Braune Zwerge hervorbringen. Andererseits noch viel kleinere. Aktuelle Simulationen zeigen, dass in solchen Molekülwolken Objekte ab fünf Jupitermassen entstehen können. Ganz allein als Zentrum des Kollapses. Viel zu massearm, um jemals auch nur von Kernfusion träumen zu können. Wenn sich der Staub und der Dunst der Wolke irgendwann verzieht, dann bleibt nur ein einsames Objekt von der Masse eines Planeten. Ein Planet, der niemals die Nähe eines Sterns gekannt hat. Dunkel und verlassen beginnt er seine Reise durch die Milchstraße. Ein Rogue.

Diese Erklärung wirkt irgendwie banal, aber gleichzeitig einleuchtend. Warum auch nicht? Wenn Sterne und Braune Zwerge so entstehen können, warum dann nicht auch noch kleinere Objekte? Wir finden heute mit unseren Teleskopen sogar Objekte mit Planetenmasse, die einsam im All stehen, aber noch umgeben sind von den Überresten der Molekülwolke, aus der sie sich formten. Gut, für Objekte, die auf diese Weise entstehen, muss es eine gewisse Mindestmasse geben. Denn wenn das nicht so wäre, würde eine Molekülwolke nicht genügend Gravitation aufbringen, um den Kollaps am Laufen zu halten. Bei zu wenig Masse fällt das Gas und der Staub nicht in sich zusammen, sondern verteilt sich einfach gleichmäßig. Solange wir also keine Rogue-Planeten unter fünf Jupitermassen finden, wäre der Fall ja gelöst …

Lasst uns noch an einen weiteren Ort reisen. Diese Welt ist genauso düster wie die letzte. Kein Licht, kein Schimmern, keine Reflexionen. Doch es ist kein Gasplanet. Dafür hat diese Welt zu wenig Masse, viel weniger als Jupiter. Hier gibt es keine riesigen Wasserstoff-Meere oder nicht enden wollende Wolkenschichten. Der Planet ist klein, kaum erdengroß. Und er ist völlig allein. Es gibt keinen Zweifel: Allein in einer Molekülwolke ist dieser Felsen-Planet sicher nicht entstanden. Er brauchte einen Stern, wo er sich in der Scheibe aus Staub und Gas, die junge Sterne zu Beginn ihrer Lebenszeit noch umgibt, formen konnte. Doch von diesem Stern ist keine Spur mehr zu finden. Was mag geschehen sein? Wie konnte diese Welt, die vielleicht sogar einst das Potential hatte, ein Paradies wie die Erde zu werden, derart verwaisen? Vielleicht hatte dieser Planet einst ein Zuhause. Einen Heimatstern, an dem er durch die Gravitation verankert war. Doch irgendwann änderte sich etwas und der Planet wurde verstoßen. Aber was kann die enorme Kraft der Gravitation überwinden? Wie kann ein Stern einen Planeten an die große Leere und Dunkelheit verlieren?

Um diese Frage zu beantworten, sollten wir das Sonnensystem befragen. Hat unser Heimatstern vielleicht auch eines seiner Kinder verloren? Wir kennen das Sonnensystem heute sehr gut. Und jegliche Vergangenheit, die wir in Betracht ziehen, muss am Ende – 4,6 Milliarden Jahre nach der Entstehung der Sonne – zu diesem

Zustand führen, den wir heute beobachten. Alles andere ist von vornherein Unsinn. Also arbeiten wir an dieser Stelle mit Simulationen. Unterschiedliche Szenarien für die Entstehung des Sonnensystems, die mit Computern erstellt und durchlaufen werden. Wir füttern sie mit unterschiedlichen Anfangsbedingungen und lassen die Maschinen das tun, wonach sie auch im Deutschen ursprünglich benannt wurden: rechnen. Die Entwicklung eines Sternensystems per Hand auszurechnen, und das auch noch auf zig unterschiedliche Arten, wäre für einen einzelnen Menschen nicht zu bewältigen. Im Idealfall muss jeder Pfad eines jeden noch so kleinen Staubkorns berechnet werden. So etwas nennt man eine »N-Body-Simulation«, also eine N-Körper-Simulation. »N« steht in diesem Fall für eine beliebige ganze Zahl über 2.

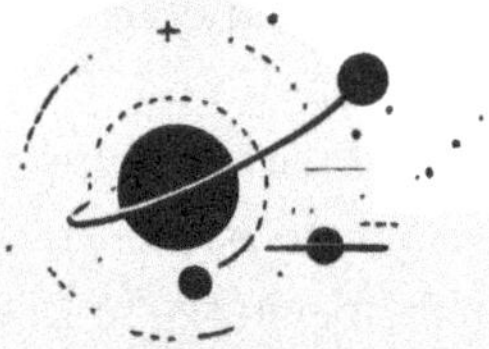

Was ist eine N-Body-Simulation?

Das Dreikörperproblem ist notorisch unlösbar. Sobald sich drei oder mehr Körper in einem System befinden, werden die exakten Bewegungen über lange Zeiträume so chaotisch, dass man sie nicht mehr mit endlichen mathematischen Ausdrücken beschreiben kann. Man muss sich Stück für Stück für sehr kleine Zeitabschnitte vorarbeiten. Man berechnet also, wo sich alle beteiligten Körper in diesem System nach, sagen wir, 0,1 Sekunden befinden. Dann erhält man einen neuen Zustand, von dem aus man wieder 0,1 Sekunden weiter berechnet. Und so weiter. Das ist beliebig lang durchführbar und in beliebig kleine Zeitabstände einteilbar. Diese Art von Kleinstarbeit übernimmt am besten ein Computer.

Nur so lassen sich Systeme simulieren, die mehr als zwei Massen beinhalten. Das nennt man dann eine numerische Lösung anstatt einer analytischen, die mit endlichen mathematischen Ausdrücken arbeitet. Eine analytische Lösung ist eine Rechenformel, mit der man das Ergebnis direkt ausrechnen kann – so wie bei »Fläche = Länge × Breite«.

Eine numerische Lösung dagegen arbeitet ohne solche fertigen Formeln: Man nähert sich dem Ergebnis durch viele kleine Rechenschritte an.

Aber es ist vertrackt: Selbst wenn wir die beste und berühmteste Simulation der Entwicklung des Sonnensystems laufen lassen, das sogenannte »Nizza-Modell«, ist das Endergebnis der Simulation nach 4,6 Milliarden Jahren nie das, was wir heute im Sonnensystem beobachten. Planeten fehlen oder sind auf völlig anderen Bahnen, ständig wird alles instabil.

Jedenfalls dann, wenn man nur von der Existenz der vier uns bekannten Gasriesen ausgeht: Jupiter, Saturn, Uranus und Neptun. Egal, wie viel Mühe man sich gibt, es scheint einfach kein ideales Set an Anfangsbedingungen zu geben, um am Ende die aktuelle Lage zu erreichen. Wenn man aber anstatt nur vier noch einen fünften Gasriesen dazunimmt, etwa mit der halben Masse des Uranus, dann sieht die Sache schon ganz anders aus. Der fünfte Riese stabilisiert die wild rotierenden anderen vier. Er führt dazu, dass das System irgendwann in geordnete Bahnen kommt. Die inneren Planeten überleben und die anderen vier Gasplaneten nehmen ihre heutigen Plätze ein. Aber wenn unser Sonnensystem so entstand, was geschah dann mit diesem ominösen fünften Riesen?

Die Simulationen zeigen, dass es möglich ist, dass die Nummer fünf durch die Wanderung im System irgendwann so viel Energie von den anderen Planeten übertragen bekam, dass er immer exzentrischere (also eiförmige) Umlaufbahnen einnahm und schließlich eine Geschwindigkeit erreichte, die ihm erlaubte, das Gravitationsfeld der Sonne zu verlassen. Er wurde hinauskatapultiert, verlor die Bindung zu seinem Heimatstern und führte ab sofort ein sternloses, dunkles Dasein. Er wurde ein Waisenkind, ein Rogue.

Wenn das so ist, dann ist er bis heute irgendwo dort draußen. Und vielleicht, aber wirklich nur vielleicht, ist einer der seit 2000 entdeckten einsamen Wanderer das verlorene Kind der Sonne. Unser fünfter Gasriese, der echte Planet 9. Über den es, nebenbei erwähnt, auch Spekulationen gibt. Es gibt Hinweise auf einen großen, noch unentdeckten Planeten, der sich im Sonnensystem befindet, aber auf einer extrem weiten Bahn. Weit hinter Neptun. Es ist natürlich auch möglich, dass dies der verlorene fünfte Gasriese ist. In diesem Fall wurde er nicht zum Rogue und hat das System nicht gänzlich verlassen können. Die Zukunft wird zeigen, ob wir jemals einen solchen Planeten finden. Der felsige Rogue, vor dem wir nun mit unserem Raumschiff stehen, verließ also höchstwahrscheinlich einst sein Heimatsystem. Er kannte vor langer Zeit das Licht eines Sterns, wahrscheinlich hatte er weitere Planeten in seinem System, vielleicht sprossen auf ihm bereits die ersten scheuen Anfänge des Lebens. Und dann wurde es dunkel. Überreste der einstigen Oberfläche kann man möglicherweise sogar noch erkennen. Berge und Täler, Schluchten und vielleicht sogar zugefrorene Ebenen, in denen einst Meere standen. Der ewige Sternenhimmel leuchtet ungerührt darüber.

Vielleicht ist einer der fast ununterscheidbaren und unzähligen Punkte dort der ehemalige Heimatstern dieser verlassenen Welt.

Die Möglichkeit für Leben

Während wir im Raumschiff vor diesem sternlosen Planeten stehen und über seine Vergangenheit sinnieren, könnte man sich auch fragen, ob vielleicht jemand – oder etwas – zu uns zurückschaut. Etwas, das aufschaut von der eiskalten Oberfläche und vielleicht den Glanz der Sterne wahrnimmt. Eine Kreatur der Dunkelheit, die nie einen Heimatstern kannte und mit ihrem Planeten einsam durch die Galaxie wandert. Zunächst wirkt diese Überlegung absurd, haben wir nicht eben darüber gesprochen, dass Rogues Temperaturen von nur etwa 30 Kelvin, also weniger als – 243 Grad Celsius, haben? Und obwohl sie noch etwas Wärmestrahlung abgeben, die starke Infrarot-Teleskope aufspüren können, reicht das doch hinten und vorne nicht für Leben. Oder?

Unabdingbar für Leben ist eine Energiequelle. Es braucht zugeführte Energie, die Nahrung wachsen lässt und die nötigen Substanzen für den Stoffwechsel herstellt. In unserem System ist die Sonne die Energiequelle Nummer eins. Sie lässt Pflanzen wachsen und treibt deren Photosynthese an, durch die Kohlenstoffdioxid in lebenswichtigen Sauerstoff verwandelt wird. Sie wärmt unseren Planeten auf eine lebensfreundliche Temperatur an der Oberfläche, ermöglicht in unserem Körper die Vitamin-D-Produktion, treibt den irdischen Wasserkreislauf an und erhellt nebenbei noch unsere Umgebung. Ohne Sonne, ohne unseren Heimatstern, scheint Leben ausgeschlossen zu sein.

Aber es gibt Lebewesen hier auf der Erde, die die Sonne nie gekannt haben. Sie zehren von einer ganz anderen Energiequelle: der bereits erwähnten inneren Wärme des Planeten. Der Erdkern ist heiß, geschmolzen, und an einigen Stellen bricht seine Energie durch die Erdkruste: Vulkane, heiße Quellen oder auch hydrothermale Schlote.

Letztere sind Risse auf dem Meeresgrund, meistens in zwei bis vier Kilometern Tiefe, durch die geothermal aufgeheiztes Wasser hervorquillt. Das Wasser hat beim Austritt Temperaturen von etwa 400 °C und ist stark angereichert mit Mineralstoffen. Dort, am Rand der Schlote in der Dunkelheit der Tiefsee, sammeln sich Bakterien und Archaea (urtümliche Einzeller) und nutzen die ausgestoßenen Chemikalien wie Schwefelwasserstoff, um durch sogenannte Chemosynthese Energie zu gewinnen. Ihre Welt ist völlig frei von Sonnenlicht, steht unter enorm hohem Druck und ist voller toxischer Stoffe. Doch das Leben fand einen Weg.

Wäre das auch auf einem Rogue möglich? Zugegeben, für dieses spezielle Szenario braucht man zunächst mal einen flüssigen Ozean. Aber denken wir nur an die Erkenntnisse, die wir aus dem Sonnensystem über eiskalte Kugeln gewinnen konnten: Diverse Jupiter- und Saturnmonde wie Europa oder Enceladus haben zwar eine gefrorene Oberfläche, doch die Hinweise verdichten sich, dass sich unter dem Eispanzer jeweils ein flüssiger Wasser-Ozean befindet. Erwärmt durch die innere Hitze der kleinen Monde.

Auch hier gibt es Spekulationen über »die Außerirdischen von nebenan«. Primitive Lebensformen der äußeren Monde unseres Sonnensystems, die sich vielleicht in diesen lichtlosen Ozeanen mithilfe von geothermaler Wärme durchsetzen können.

Es gibt eigentlich keinen Grund, weshalb so etwas auf einem Rogue-Planeten völlig unmöglich sein sollte.

Es könnte sich auch beispielsweise um einen gasförmigen Rogue handeln, der – genau wie Jupiter oder Saturn – Monde hat. Untersuchungen haben gezeigt, dass etwa die Hälfte der ursprünglichen Monde an einen Gasriesen gebunden bleibt, wenn dieser aus dem Sternsystem geworfen wird. Ein Rogue-Mond mit Leben am Grund eines fast (aber eben nur fast) gefrorenen Ozeans. Das ist schon eine ziemlich verrückte Vorstellung. Selbst mit unserem Raumschiff können wir solches Leben von außen nicht erkennen, genauso wenig wie wir heute wissen können, ob es Leben auf Europa oder Enceladus gibt. Dafür müsste man schon näher ran und im besten Fall mithilfe einer Sonde abtauchen.

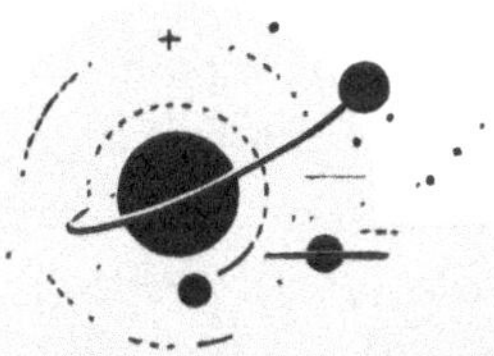

Missionen zu den eisigen Monden des Sonnensystems

Gerade eben sind die JUICE (Jupiter Icy Moon Explorer) und die Europa-Clipper-Sonden der ESA und NASA unterwegs zum Jupiter, um dessen Monde Europa, Ganymed und Callisto genauer zu untersuchen, unter anderem auch auf Spuren von Leben. Die beiden werden laut Plan 2031 im Jupiter-System ankommen, allerdings weder auf einem der Monde landen noch Bohrungen durchführen. Europa Clipper hat unter anderem die Aufgabe, mögliche Landeorte für zukünftige Missionen zu sondieren.

Die meisten Menschen meinen, wenn sie von »Leben« sprechen, keine extremophilen Mikroben, die sich irgendwo in der Dunkelheit an heiße Quellen klammern, um blind und geistlos ihre Existenz zu fristen. Man stellt sich Leben auf der Oberfläche vor, mit dem Potenzial, sich weiterzuentwickeln, vielleicht sogar eines Tages einen Gedanken zu fassen oder gar eine Zivilisation zu bilden.

Da sieht es bei den sternlosen Welten schon deutlich schlechter aus. Die Oberfläche ist einfach zu kalt. Man kann natürlich darüber nachdenken, dass es möglich wäre, die erste und sehr dicke Wasserstoffatmosphäre, welche die meisten jungen Planeten kurz nach ihrer Entstehung tragen, würde überleben. Im Normalfall, wenn ein Planet nämlich nicht aus dem System geworfen wird, bläst die harsche Strahlung des jungen Sterns des Systems diese erste Atmosphäre vollständig fort. Erst langsam baut sich dann im Nachhinein eine sekundäre Atmosphäre auf, aber dann fehlen bereits die großen Mengen des flüchtigen Wasserstoffs in der Umgebung. Der Stern hat ihn fortgeweht. Und so werden diese sekundären Atmosphären bei Weitem nicht so dick und dicht wie die erste. Würde ein Planet nun früh aus dem System katapultiert, so ist es möglich, dass er diese erste dicke Atmosphäre, die ihn wie eine Wolldecke umhüllt, behalten konnte. Eine solche Atmosphäre könnte Wärme deutlich besser speichern als solch dünne Lufthüllen wie die der Erde. So könnte Hitze, die zum Beispiel beim natürlichen Zerfall radioaktiver Elemente frei wird, besser eingefangen werden. Wäre das der Fall, wäre es tatsächlich möglich, dass auf der Oberfläche einer solchen sternlosen, felsigen Welt Temperaturen herrschen, die flüssiges Wasser, ganz ohne schützenden Eispanzer, möglich machen. Zumindest für eine Weile. Ob das für komplexes Leben reicht? Leuchten uns auf dem felsigen Rogue vor unserem Raumschiff die Lichter von Städten entgegen? Sternlose Zivilisationen, die von der Wärme des Planeten selbst und seinem radioaktiven Zerfall leben, eingehüllt in eine dicke Schicht Wasserstoff?

Es ist, vorsichtig ausgedrückt, eher unwahrscheinlich. Mal davon abgesehen, dass eine reine Wasserstoff-Atmosphäre Dinge, die für den Beginn unserer Zivilisation grundlegend waren, wie etwa Feuer (das berühmte Knallgas-Experiment aus der Schule lässt grüßen!), schwierig machen würde. Wir kennen aber bisher auch nur das Leben auf der Erde. Es ist schwierig, abzuschätzen, welche der Bedingungen, die wir hier erleben, essenziell für Leben anderswo sind. Vielleicht wäre Leben auf Rogue-Planeten auch möglich, nur ist es so anders, dass wir es gar nicht als Leben erkennen könnten. Vielleicht aber sind die sternlosen Welten auch schlicht unbewohnt. Ein solch dunkler Ort, verstoßen vom eigenen Stern oder auch einsam entstanden, ist schon ohne Kreaturen auf seiner Oberfläche faszinierend genug.

Asteroiden und Planetare Verteidigung

Eva
Zum Glück haben wir einen Stern, ich würde nicht auf einem Planeten ohne Sonne leben wollen.

Jana
Ja, da hast du recht, die Rogue-Planeten sind zwar faszinierend, aber die Erde ist doch schöner.

Eva
Aber nur, solange wir nicht von einem Asteroiden getroffen werden!

Elka
So wie damals bei den Dinosauriern?

Eva
Ja, das war ein richtiges Massensterben. Wenn so etwas heute wieder passieren würde, hätten wir ein ordentliches Problem.

Jana
Aber könnten wir da nicht was tun? Im Gegensatz zu den Dinos haben wir ja zumindest Raketen, die ins All fliegen können.

Eva
Das stimmt. Und in den Hollywood-Filmen geht das ja immer ganz einfach.

Elka
Aber da sind's auch immer die Männer, die die Welt retten, und die Frauen spielen höchstens eine Nebenrolle.

Eva
Leider. Aber das ist bei Weitem noch nicht alles, was mit diesen Filmen nicht stimmt.

Jana
Dann erzähl uns doch am besten, wie man den Weltuntergang in echt verhindern kann.

Hollywood hat viele Wege gefunden, das Ende der Welt zu erzählen. Eine der beliebtesten Varianten ist die kosmische Bedrohung aus dem All. Wenn es nicht gerade feindlich gesinnte Aliens sind, dann sind es Asteroiden: riesig, unkontrollierbar, aus dem dunklen Nichts des Alls heranrasend. Eine Naturgewalt, die Tod und Zerstörung bringt.

Hollywood liebt Asteroiden ganz besonders! US-amerikanische Blockbuster der 1990er Jahre wie *Armageddon* und *Deep Impact* prägen bis heute das Genre des Weltuntergangs durch einen Asteroideneinschlag. Sie inszenieren die Himmelskörper als übergroße, katastrophale Bedrohung und sind zugleich Bühne für menschliches Heldentum. In *Armageddon* (1998) zum Beispiel wird ein gigantischer Asteroid entdeckt, der auf direktem Kollisionskurs mit der Erde ist. Dieser sogenannte »Planetenkiller« droht das gesamte Leben auf der Erde auszulöschen. Die Entdeckung kommt natürlich viel zu spät für langfristige Maßnahmen, was die Existenzbedrohung für die Menschheit dramatisch erhöht: Nur ein waghalsiger Plan kann die Erde retten – eine Atombombe soll im Inneren des

Brockens gezündet werden, um ihn zu sprengen und die Teile an der Erde vorbeizulenken. Ein Job, den natürlich nur Bruce Willis mit seiner Truppe aus kernigen Bohrarbeitern übernehmen kann. In bester Hollywood-Manier starten sie die Rettungsmission, fliegen ins All, schaffen eine unwahrscheinliche Landung auf dem Asteroiden, bohren dort ein unwahrscheinlich tiefes Loch, um die Atombombe im Inneren zu platzieren, opfern sich heldenhaft und retten die Welt natürlich in letzter Sekunde.

Drei Jahrzehnte später wirkt der Film nostalgisch überzeichnet. Wer sich noch an *Armageddon* erinnert, weiß, mit welchem Pathos Bruce Willis und die USA zu den Rettern der Menschheit werden. Trotz seiner Klischees war er 1998, als er in den Kinos lief, der kommerziell erfolgreichste Film. Der Film verstärkte das popkulturelle Bild des Asteroiden als plötzlich auftauchende, gigantische Bedrohung, gegen die der Mensch nur knapp bestehen kann. Dass es *Armageddon* dabei mit der Wissenschaft nicht so genau nimmt, tut der Faszination keinen Abbruch. So wäre zum Beispiel ein Asteroid in der Größe wie im Film schon Monate, bevor er auf die Erde trifft, mit bloßem Auge am Himmel zu sehen und mit Teleskopen Jahre oder Jahrzehnte vorher entdeckt worden.

Die Anzahl der mehr oder weniger offensichtlichen Fehler inspirierte allerdings die NASA dazu, den Film später als Trainingsmaterial für ihre Ingenieurinnen und Ingenieure zu nutzen. Mittlerweile wurden über 160 wissenschaftliche Ungenauigkeiten gefunden. Das bedeutet aber nicht, dass das schon alles ist. Wer aufmerksam zusieht, wird sicher noch den einen oder anderen Fehler finden und kann sich damit dann gerne direkt bei der NASA melden. Die Drehbücher nehmen es wissenschaftlich zwar nicht so genau, lassen aber keinen Raum für Missverständnisse, wenn es darum geht, die Gefahr zu beschreiben: Der »Killer-Asteroid« ist riesig, tödlich und unausweichlich. Da ist der Asteroid, wie in *Armageddon,* sogar schon mal so groß wie der US-Bundesstaat Texas (hat also einen Durchmesser von ungefähr 1.200 Kilometern, was ihn schon eher zu einem Zwergplaneten als zu einem typischen Asteroiden macht). Hollywood liebt es eben groß und übertreibt gern.

Zum Glück beschränkt sich das Interesse an Asteroiden nicht auf das Kino. Auch die Wissenschaft beschäftigt sich intensiv mit den Felsbrocken aus dem All, betrachtet sie aber natürlich aus einer anderen Perspektive. Astronominnen und Astronomen erforschen ihre Bahnen, ihre Zusammensetzung und ihre Geschichte. Und sie arbeiten an echten Methoden zur planetaren Verteidigung. Denn auch wenn die Hollywood-Version überzeichnet ist, bleibt die Frage real: Was tun, wenn wirklich einmal ein Asteroid auf Kollisionskurs mit der Erde ist?

Dazu müssen wir die Asteroiden aus wissenschaftlicher Sicht betrachten. Das können wir erst seit etwas mehr als 200 Jahren. Davor kannten wir am Himmel nur Sterne und Planeten – und die Kometen, die eng verwandt mit den Asteroiden sind, was aber damals noch niemand wusste.

Über Kometen und Asteroiden

Kometen, die mit ihrem Schweif deutlich am Himmel zu sehen sind, kannte man schon seit dem Altertum. Da sie dazu neigen, plötzlich und unvorhergesehen aufzutauchen, und sich bei ihrer Bewegung nicht wie die anderen Himmelskörper verhalten, wurde ihr Erscheinen oft als Zeichen der Götter und meist als schlechtes Omen gedeutet. In der Antike hat man sie auch nicht als »Himmelskörper« betrachtet, sondern als Leuchterscheinungen, die in der Atmosphäre der Erde stattfinden. Heute wissen wir, dass das Gegenteil richtig ist: Der Ursprung der Kometen ist nicht in unserer Nähe, sondern im äußeren Sonnensystem, jenseits der Umlaufbahn des Neptuns, des sonnenfernsten Planeten. Sie haben einen relativ kleinen Kern, der typischerweise nur ein paar Kilometer groß und eine Mischung aus Eis, Staub und Gestein ist. Das brachte ihnen auch den Spitznamen »schmutziger Schneeball« ein. Den berühmten Schweif bekommt ein Komet erst, wenn er sich in seiner Umlaufbahn der Sonne nähert. Ungefähr auf Höhe der Marsbahn wird es warm genug, so dass Wasserdampf und andere flüchtige Stoffe aus dem Kern entkommen können. Dabei reißen sie Staub- und Gesteinspartikel von seiner Oberfläche mit. Dieses Material bildet den charakteristischen Schweif, der mehrere Millionen Kilometer lang sein kann.

Einer der bekanntesten Kometen ist der Halley'sche Komet, der alle 76 Jahre seinen sonnennächsten Punkt erreicht und dann auch für uns am Himmel sichtbar wird. Er ist nach dem britischen Astronomen und Mathematiker Edmond Halley benannt, der ihn zwar nicht entdeckt hat, aber nachweisen konnte, dass er sich entsprechend Newtons Gravitationsgesetz auf einer regelmäßigen Bahn um die Sonne bewegt. Seit damals ist er vier Mal an der Erde vorbeigeflogen, das letzte Mal im Jahr 1986. Für seinen nächsten Besuch müssen wir auf das Jahr 2061 warten. Aber auch wenn wir erst seit wenig mehr als 300 Jahren über die Bewegung des Halley'schen Kometen Bescheid wissen, zieht er schon sehr viel länger seine Runden um die Sonne. Kometen sind alt! Sie stammen aus der Frühzeit des Sonnensystems und das haben sie auch mit Asteroiden gemeinsam. Beide Arten von Himmelsobjekten sind

Überreste aus einer Vergangenheit, die 4,5 Milliarden Jahre zurückliegt. Damals waren selbst die Planeten noch nicht entstanden, und tatsächlich sind Asteroiden und Kometen nichts anderes als das Material, aus dem sich später die Planeten gebildet haben. Am Anfang des Sonnensystems war da nur eine große Scheibe aus Gas, Staub und Eis, welche die junge Sonne umgeben hat. Dieses Material hat sich im Laufe der Zeit zu größeren Brocken zusammengeballt. In der Nähe der Sonne hat sich das Eis aber schnell verflüchtigt, und deswegen haben die Objekte, die weit draußen im Sonnensystem entstanden sind, einen höheren Anteil an Eis. Das ist auch der hauptsächliche Unterschied zwischen Kometen und Asteroiden: Kometen haben sich fern der Sonne gebildet und deswegen viel Eis, das dann für die Bildung eines Schweifs sorgen kann. Asteroiden hingegen enthalten weniger Eis, da sie näher an der Sonne entstanden sind. Abgesehen davon gibt es aber keinen wesentlichen Unterschied zwischen den beiden Klassen von Himmelskörpern; sowohl Kometen als auch Asteroiden sind das ursprüngliche Baumaterial der Planeten und deswegen ist ihre Erforschung für die Wissenschaft auch so spannend. Die Überbleibsel aus der Vergangenheit zeigen uns heute noch, wie das Sonnensystem damals beschaffen war und wie es sich seitdem entwickelt und verändert hat.

Während die Menschheit Kometen schon sehr lange beobachtet hat, ohne genau zu wissen, was sie da eigentlich sieht, kennen wir die Asteroiden erst seit 1801. Der erste wurde vom italienischen Priester und Astronom Giuseppe Piazzi entdeckt, der zuerst dachte, er hätte einen Kometen gefunden. Die Umlaufbahn passte aber eigentlich gar nicht, sie führte mitten zwischen den Bahnen von Mars und Jupiter sehr regelmäßig um die Sonne herum. Genau dort hatten andere Astronomen damals noch einen weiteren, bislang unentdeckten Planeten vermutet. Piazzis »Komet« wurde also zum Planeten befördert und bekam den Namen »Ceres«. In den folgenden Jahren wurden dann aber noch viel mehr solcher »Planeten« in genau derselben Region des Sonnensystems entdeckt, und als dann 1846 auch noch am äußeren Ende des Sonnensystems der Neptun entdeckt wird, ist er bereits der dreizehnte Planet! Da bis 1850 immer weitere Neuentdeckungen folgten und man außerdem feststellte, dass die neuen »Planeten« alle recht klein waren, wurden (übrigens auf Vorschlag von Alexander von Humboldt) die ganzen Objekte zwischen Mars und Jupiter als »Asteroiden« klassifiziert, und die Zahl der echten Planeten sank wieder auf acht Stück.

Ceres ist, wie die meisten uns bekannten Asteroiden, im »Asteroidengürtel« beheimatet. Neben dieser Gruppe von Asteroiden zwischen den Umlaufbahnen von Mars und Jupiter gibt es auch noch weitere Asteroidengürtel im Sonnensystem, zum Beispiel den Kuipergürtel hinter der Bahn des Neptuns, zu dem auch Pluto gehört. Bis jetzt haben wir mehr als eine halbe Million Objekte im Asteroidengürtel entdeckt und wissen, dass dort noch ein paar Millionen mehr auf ihre Entdeckung warten. Bei diesen Zahlen denken manche jetzt vielleicht an Science-Fiction-Filme, in denen Raumschiffe mit abenteuerlichen und gefährlichen Manövern durch den Asteroidengürtel fliegen und in knapper Not unzähligen Gesteinsbrocken ausweichen. Wer solche Szenen weiterhin ohne die Bürde wissenschaftlicher Korrektheit genießen will, sollte den nächsten Absatz lieber überspringen. Alle anderen bleiben bitte dran und können beim nächsten Kinobesuch dann Besserwisser spielen. Die Abstände zwischen den Asteroiden betragen nämlich gut und gerne hunderttausende bis eine Million Kilometer. Eine Raumsonde kann sich also ohne Gefahr durchbewegen und auch ein Raumschiff hätte wohl keine Probleme – ganz im Gegenteil, es müsste sich schon sehr anstrengen, wenn es einen Asteroiden treffen will. In der Realität handelt es sich sogar um ein recht aufwändiges und komplexes Unterfangen, wie wir später noch erfahren werden.

Tatsächlich ist die ringförmige Zone des Asteroidengürtels aufgrund ihrer Ausdehnung von rund 180 Millionen Kilometern eher als »leer« zu beschreiben. Nur rund 200 Asteroiden haben überhaupt einen Durchmesser von mehr als 100 Kilometern. Trotz der enormen Anzahl an Objekten, die dort herumschwirren, ist ihre gesamte Masse erstaunlich gering. Ceres, mit einem Durchmesser von gut 950 Kilometern, das größte Objekt, macht allein bereits ein Drittel der Gesamtmasse aus, und nimmt man die drei nächstgrößeren Objekte Vesta, Pallas und Hygiea dazu, hat man schon über 50 % der Masse des ganzen Asteroidengürtels. Der Rest verteilt sich auf die Millionen kleineren Brocken, und alle Asteroiden zusammen haben nicht einmal 3 bis 4 % der Masse unseres Erdmondes.

Apropos Mond: Asteroiden können auch Monde haben, also einen Begleiter, der gravitativ an sie gebunden ist – und zwar häufiger als ursprünglich gedacht! Der erste davon wurde 1993 von der Raumsonde Galileo beim Asteroiden Ida entdeckt. Der 1884 vom österreichischen Astronomen Johann Palisa an der Universitätssternwarte Wien entdeckte 32 Kilometer große Asteroid hat einen nur eineinhalb Kilometer großen Begleiter. Mittlerweile sind über 150 Asteroiden bekannt, die einen Mond haben, manche beherbergen sogar zwei oder mehr Begleiter. Es gibt sogar Doppelasteroiden, bei dem sich zwei annähernd gleich große Körper umkreisen.

Tödliche Bedrohung aus dem Weltall

Diese Entdeckungen sind für die Wissenschaft sehr wertvoll, da sie uns nicht nur helfen, die Entstehungsgeschichte des Sonnensystems zu verstehen, sondern auch ganz besondere Einblicke und Erkenntnisse zur planetaren Verteidigung liefern (aber dazu später mehr). Denn auch wenn Filme wie *Armageddon* maßlos übertreiben, müssen wir uns trotzdem mit der Frage beschäftigen, was wir dagegen tun können, wenn wirklich mal ein Himmelskörper auf Kollisionskurs mit der Erde ist. Wir wissen aus der Beobachtung von Kratern auf der Erde, dem Mond und anderen Planeten, dass Kollisionen dieser Art in der Vergangenheit immer wieder vorgekommen sind und auch in Zukunft passieren werden. Sobald es um die Kollision mit der Erde geht, ist es auch egal, ob es ein Komet oder ein Asteroid ist. Ist das Ding groß genug, wird es für uns bedrohlich, und dann müssen wir uns schützen.

Die Idee, dass Objekte aus dem Weltall auf der Erde einschlagen können, erscheint uns heute ganz normal. Dabei ist sie noch gar nicht so lange in der Wissenschaft anerkannt. Als der deutsche Physiker und Astronom Ernst Chladni im Jahr 1794 die kühne These aufstellte, dass Meteoriten aus dem Weltall stammen, wurde er von vielen Zeitgenossen verlacht und für verrückt erklärt. Die Vorstellung widersprach der gängigen Annahme, dass der Himmel frei von grober Materie sei. Doch nur zehn Jahre später sollte sich seine Hypothese auf spektakuläre Weise bestätigen: Am 26. April 1803 kam es in der französischen Stadt L'Aigle zu einem außergewöhnlichen Ereignis, bei dem ein knapp 40 Kilogramm schwerer Asteroid beim Fall durch die Atmosphäre in rund 3.000 Gesteinsbrocken zerbrochen ist, die wie ein Regen aus Stein auf die Erde prasselten. Ihre Analyse überzeugte auch die letzten Zweifler: Diese Objekte stammen aus dem All. Übrigens: Sobald man Teile eines Asteroiden auf der Erdoberfläche aufsammeln kann, werden die Steine als »Meteorite« bezeichnet, und im Laufe der Zeit hat man jede Menge davon gefunden. Trotzdem hielt man solche Ereignisse für selten und auch nicht geeignet, um große Katastrophen oder gar Massensterben zu verursachen. Deswegen hat es auch so lange gedauert, bis wir das Aussterben der Dinosaurier vor 66 Millionen Jahren verstanden haben. Jahrzehntelang tappte die Paläontologie im Dunkeln, was ihr Verschwinden betraf. Waren es Vulkane, Veränderungen im Klima oder Krankheiten? Alles war denkbar, nur die Idee des Aussterbens durch einen Asteroideneinschlag schien vielen in der Wissenschaft dann doch etwas zu abenteuerlich und wurde zunächst milde belächelt.

Im Film *Armageddon* wird die Rettung der Welt von einem Drama zwischen Vater (Bruce Willis) und Tochter (Liv Tyler) begleitet, wobei sich der Beitrag der Tochter im Wesentlichen auf ein hübsches Aussehen und den dramaturgisch relevanten Einsatz von Tränen beschränkt. In der Realität waren es Vater und Sohn, die das Aussterben der Dinosaurier in einem echten Wissenschaftskrimi geklärt haben: Luis und Walter Alvarez aus den USA lieferten in den späten 1970er Jahren den entscheidenden Hinweis auf das, was vor 66 Millionen Jahren passiert ist.

Walter Alvarez, ein Geologe, untersuchte damals Gesteinsschichten in Italien. Seine Aufmerksamkeit lag auf einer dünnen, grauen Tonschicht, die genau am Übergang der Erdzeitalter Kreide und Tertiär (Letzteres wurde 2004 durch die Zeiteinheiten Paläogen und Neogen ersetzt) lag. Das Ende der Kreidezeit war auch gleichzeitig das Ende der Dinosaurier: Unter der

Tonschicht gab es noch jede Menge Dino-Fossilien, darüber keine mehr. Diese seltsame Grenzschicht war weltweit in Gesteinsformationen zu finden und enthielt auffällig hohe Mengen des chemischen Elements Iridium. Das war insofern seltsam, als dass dieses Edelmetall auf der Erdoberfläche so gut wie nicht vorkommt. Man wusste aber aus der Analyse von Meteoriten, dass diese vergleichsweise viel Iridium enthalten. Die graue Schicht musste also irgendwas mit dem Weltall zu tun haben. Zunächst dachte Walter Alvarez noch an den Einschlag von Mikrometeoriten, also an eine Art kontinuierlichen Regen aus kosmischen Staubkörnern aus dem All. Das gibt es tatsächlich: Circa 100 Tonnen an winzigen Gesteinskörnchen landen auf diese Weise pro Tag auf der Erde.

Zur Untersuchung dieser Hypothese wandte sich Walter an seinen Vater. Luis Alvarez war Experimentalphysiker und während des Zweiten Weltkriegs am Manhattan-Projekt beteiligt (mehr dazu kannst du im Kapitel »Lise Meitner und die Spaltung des Atoms« lesen). Er konnte sogar den ersten Kriegseinsatz der dort konstruierten Atombombe aus nächster Nähe beobachten. Als sie am 6. August 1945 über Hiroshima abgeworfen wurde, saß Luis Alvarez in einem der Begleitflugzeuge, um wissenschaftliche Messungen vorzunehmen. Er war einer der ersten, der die Auswirkungen dieser neuartigen Waffe direkt sehen konnte. Wenige Stunden nach diesem Ereignis schrieb er einen Brief an seinen damals erst vierjährigen Sohn Walter und erzählte von der »schrecklichen Waffe«, die sie erschaffen haben, aber gleichzeitig auch von der Hoffnung, dass dadurch »die Länder der Welt näher aneinanderrücken und zukünftige Kriege verhindert werden«[5]. Nach dem Krieg arbeitete er auf dem Gebiet der Teilchenphysik (wofür er 1968 den Nobelpreis für Physik erhielt) und wurde zu einem Spezialisten für genau die Art von Analyse, die man braucht, um zum Beispiel den Iridium-Gehalt einer Gesteinsschicht extrem genau messen zu können. Seine eigens für das »Iridiumproblem« seines Sohnes entwickelten Messtechniken zeigten, dass die Menge nicht durch Staub erklärt werden konnte. Die Konzentration sprach für ein einzelnes, gewaltiges Ereignis, so heftig, dass es global messbare Spuren hinterlassen hatte. Das, was die Schicht erzeugt hat, muss sehr viel dramatischer gewesen sein als die Explosion der Atombombe über Hiroshima. Vater und Sohn kamen zu dem Schluss, dass nur ein Asteroid von mindestens zehn Kilometern Durchmesser in so kurzer Zeit so viel Iridium auf der gesamten Erde verteilen konnte. So ein Einschlag muss nicht nur gigantisch gewesen sein, er muss das globale Klima verändert und damit das Aussterben ganzer Spezies ausgelöst haben.

Der Einschlag eines Asteroiden dieser Größe hätte wahrhaftig apokalyptische Ausmaße, die dem biblischen Armageddon nahekommen. Aufgrund seiner hohen Geschwindigkeit wird beim Aufprall eine enorme Menge kinetischer Energie freigesetzt. Die entstehende Hitze- und Druckwelle tötet alles im Umkreis von 10.000 Kilometern. Teile des Asteroiden werden zurück ins All geschleudert, regnen wieder hinab, verglühen in der Atmosphäre und heizen diese auf. Es verteilt sich eine riesige Staubwolke. Millionen Tonnen von Staub gelangen in die Atmosphäre und verdunkeln den Himmel und die Sonne über Monate und Jahre. Ein weltweiter Klimaschock wird ausgelöst und die Nahrungskette bricht zusammen. In der Folge sterben zuerst die Pflanzen, dann die Pflanzenfresser und schließlich finden auch die Fleischfresser keine Nahrung mehr.

Walter und Luis Alvarez hatten damit nicht nur eine Erklärung für die Iridiumanreicherung der

Gesteinsschicht gefunden, sondern konnten auch das Aussterben der Dinosaurier erklären. Sie veröffentlichten ihre These im Jahr 1980 und stießen damit zwar auf große Resonanz, jedoch nicht unbedingt auf Zuspruch, da ihnen ein entscheidender Beweis fehlte: der Krater!

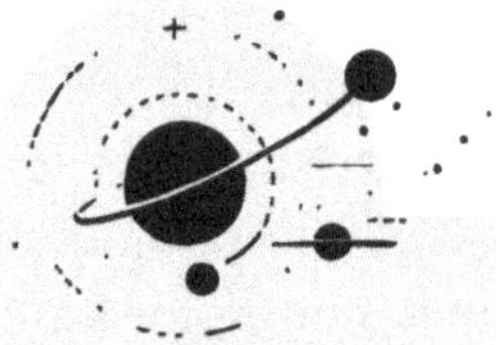

Wie groß werden Einschlagkrater?

In erster Näherung ist ein Einschlagkrater circa zehn Mal so groß wie der Asteroid, der ihn verursacht hat. Im Detail spielt neben seiner Größe und seiner Masse auch seine Zusammensetzung eine Rolle, genauso Geschwindigkeit und Winkel, in dem er auftrifft, und die Beschaffenheit des Bodens. Der bekannteste Krater in Deutschland ist das Nördlinger Ries, der erst im Jahr 1960 als solcher anerkannt wurde. Bis dahin dachte man, dass es sich um eine Caldera, also einen vulkanischen Einsturzkrater, handelte. Die Untersuchungen der Geologen Eugene Shoemaker und Edward Chao und ihre Entdeckung von Coesit lieferten den Beweis. Dieses Mineral kann nur unter dem großen Druck entstehen, der beim Einschlag eines Asteroiden herrscht. Sie konnten damit belegen, dass der 20 Kilometer große Krater des Nördlinger Ries vor 14 Millionen Jahren durch den Einschlag eines einen Kilometer großen Asteroiden entstanden ist.

Der von Walter und Luis Alvarez postulierte Asteroid mit zehn Kilometer Durchmesser muss einen Krater von circa 100 Kilometer Größe hinterlassen haben. Und davon war nirgendwo auf der Erde etwas zu sehen. Im Krimi heißt es: Ohne Leiche kein Mord. In diesem Fall lautete das Problem: Ohne Krater kein Einschlag! Also fingen die beiden an, sich auf die Suche nach dem Krater zu machen. Ihr Ausgangspunkt war die Annahme, dass der Iridiumanteil in der Nähe des Einschlagsortes am höchsten sein muss. Das war in Mittelamerika der Fall. Jedoch befand sich dort kein Krater! Zumindest keiner, von dem Walter und Luis Alvarez oder der Rest der Wissenschaftswelt etwas wussten.

Allerdings hatte eine mexikanische Erdölgesellschaft bereits in den 1940er Jahren bei Probebohrungen auf der Halbinsel Yucatán statt des erhofften Erdöls Anomalien im Gestein gefunden. Bei weiteren Arbeiten in den 1970er Jahren entdeckte man eine kreisförmige Struktur mit einem Durchmesser von etwa 180 Kilometern tief unter der Oberfläche. Sie wurde von den Erdölforschern als vulkanischen Ursprungs eingestuft und nicht weiter beachtet. Erst 1991, nach zehn Jahren erfolgloser Suche, wurde Alvarez auf diese Daten aufmerksam. Weitere geophysikalische Untersuchungen und die Analyse der seit Jahrzehnten vorliegenden Daten der Erdölgesellschaft bestätigten schließlich, dass es sich um einen Meteoritenkrater handelt. Den letzten Beweis lieferte schließlich ein Felsbrocken, der einem Mitarbeiter der Erdölgesellschaft als Briefbeschwerer gedient hatte. Durch diese Probe gelang der Nachweis für einen Impakt und eine Altersdatierung. Der heute als Chicxulub-Krater bekannte Einschlagkrater zählt zu den am besten erhaltenen und erforschten Kratern weltweit. Weitere Untersuchungen bestätigten Alvarez' Theorie und rekonstruierten den Tathergang: Demnach schlug vor 66 Millionen Jahren ein 14 Kilometer großer Asteroid aus dem Asteroidengürtel mit 72.000 Stundenkilometern und der Kraft von 200.000 Hiroshima-Bomben ein. Neuere Untersuchungen ergaben, dass der steile Aufprallwinkel den schlimmstmöglichen Schaden anrichtete.

Das hätte sich Hollywood nicht schlimmer ausdenken können. Glücklicherweise sind derartige Ereignisse sehr selten. Schätzungen zufolge kommt es alle 50 Millionen Jahre zu einem Ereignis dieser Größenordnung. Einschläge von Objekten mit einem Durchmesser von einem Kilometer erfolgen dagegen etwa alle 500.000 Jahre, rein statistisch natürlich. Kleinere Ereignisse, die regional für Schäden sorgen können, passieren allerdings häufiger.

Asteroiden, welche die Bahn der Erde kreuzen und uns theoretisch gefährlich werden können, nennt man Near-Earth Objects (NEOs). Bisher wurden über 30.000 dieser NEOs katalogisiert. Etwa 90 % der großen Objekte, mit Durchmessern über 140 Meter, gelten als entdeckt. Die gute Nachricht: Aktuell geht von keinem dieser bekannten Asteroiden eine akute Gefahr aus. Sie werden kontinuierlich beobachtet und hinsichtlich ihrer potenziellen Bedrohung bewertet. Dafür wurde 1999 die sogenannte Turiner Skala eingeführt. Die Bewertungsskala, die ähnlich wie die Richterskala für Erdbeben funktioniert, reicht von 0 (keine Gefahr) bis 10 (sicherer, globaler Einschlag mit katastrophalen Folgen). Die meisten der entdeckten Objekte werden mit 0 oder 1 eingestuft, sie sind also harmlos. Nur in seltenen Fällen rutscht ein neu entdeckter Himmelskörper höher auf der Skala.

Im Jahr 2004 wurde der rund 350 Meter große Asteroid Apophis entdeckt. Er wurde nach dem ägyptischen Gott der Finsternis und des Chaos benannt. Allein der Name klingt wie aus einem Hollywood-Drehbuch. Doch diesmal war es Realität: Apophis erhielt auf der

Turiner Skala zunächst die Einstufung 4 – die höchste Bedrohungsstufe, die je einem neu entdeckten Asteroiden zugewiesen wurde. Man berechnete eine Wahrscheinlichkeit von 2,7 %, dass Apophis im Jahr 2029 mit der Erde kollidieren könnte – kein Grund zur Panik, aber Grund genug, aufmerksam zu sein. Mit neuen Beobachtungen wurden die Bahnberechnungen aber später genauer und heute wissen wir: Apophis wird an der Erde vorbeifliegen. Mittlerweile wird er wieder als ungefährliches Objekt der Stufe 0 geführt.

Planetare Verteidigung

Aber die Frage bleibt: Könnten wir etwas unternehmen, wenn ein gefährlicher Asteroid auf die Erde zusteuert? Sowohl die NASA als auch die ESA haben in den vergangenen Jahren intensiv an Konzepten zur planetaren Verteidigung geforscht und sogar erste praktische Tests durchgeführt. Dafür gibt es bei der NASA sogar das »Planetary Defense Coordination Office« und ganz ehrlich: Gibt es einen cooleren Jobtitel als »Planetary Defender«? Beim nächsten Klassentreffen wäre die Frage nach der besten Antwort auf »Und, was machst du so?« damit auf jeden Fall geklärt.

Die Arbeit bei der Asteroidenabwehr hat allerdings nur wenig mit Science-Fiction zu tun. In *Armageddon* wird der Killer-Asteroid mittels einer Atombombe in zwei Teile gesprengt, um den Einschlag zu verhindern. So würde man das in echt natürlich nicht machen. Über Atombomben und Asteroidenabwehr hat man aber auch in der Wissenschaft nachgedacht. Im Jahr 1967 führte das Massachusetts Institute of Technology (MIT) eine theoretische Studie durch. Im Rahmen des Projekts »Icarus« wurden Studierende aufgefordert, eine effektive Abwehrstrategie für den Fall eines fiktiven Asteroideneinschlags zu entwerfen, der anderthalb Jahre in der Zukunft stattfindet. Das Team schlug vor, mehrere Saturn-V-Raketen mit thermonuklearen Sprengladungen zu versehen und in der Nähe des Asteroiden zu zünden, um dadurch seine Flugbahn zu ändern. Diese Idee ist insofern realistisch, als die Saturn-Raketen über die erforderliche Nutzlastkapazität verfügten. Der Einsatz von Atomwaffen birgt jedoch auch große Risiken und deswegen werden heute andere Methoden diskutiert. Um die Bahn eines Asteroiden zu verändern, braucht man nicht zwingend thermonukleare Bomben. Es reicht, den Asteroiden mit ausreichend viel Masse zu bewerfen, und dass wir das können, haben wir sogar schon gezeigt.

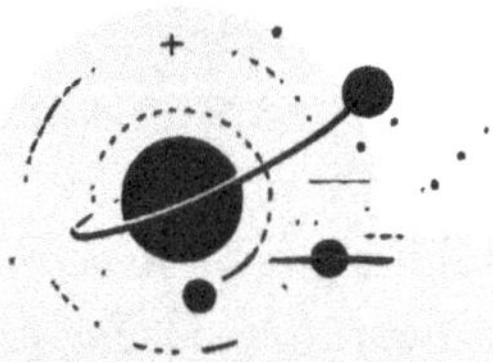

DART-Mission

Während der DART-Mission (Double Asteroid Redirection Test) im Jahr 2022 schlug eine NASA-Sonde absichtlich und kontrolliert auf dem 170 Meter großen Asteroiden Dimorphos ein, der den knapp 800 Meter großen Asteroiden Didymos umkreist. Tatsächlich wurde durch den Impakt die Umlaufzeit von Dimorphos um 32 Minuten verkürzt: Mit dieser Mission gelang es der Menschheit erstmals, die Bahn eines Himmelskörpers gezielt zu verändern.

Es gibt noch viel zu erforschen, was Asteroiden betrifft, und wir haben heute deutlich mehr Möglichkeiten dazu als früher. Wir können sogar Proben von Asteroiden holen und sie zur Erde bringen. Dies gelang erstmals der japanischen Raumfahrtagentur JAXA im Jahr 2010, die mit ihrer Raumsonde Hayabusa 2005 auf dem Asteroiden Itokawa gelandet ist und eine Probe davon zurück auf die Erde gebracht hat. 2023 hat die NASA-Sonde OSIRIS-REx die bisher größte Probe dieser Art gesammelt und 250 Gramm Material vom Asteroiden Bennu zur Erde geliefert.

Ein Raumfahrzeug mit Menschen auf einem Asteroiden zu landen, so wie es Bruce Willis und seine Kollegen in *Armageddon* tun, bleibt aber weiterhin unrealistisch. Aufgrund der dort herrschenden geringen Schwerkraft kann ein Raumfahrzeug leicht »abprallen« und wieder zurück ins All geschleudert werden. Genau das ist 2014 passiert, als die Raumsonde Philae der ESA auf dem Kometen 67P/Churyumov-Gerasimenko landen wollte und erst nach ein paar Hüpfern schiefliegend und nicht an der ursprünglich geplanten Stelle zur Ruhe kam. Zusätzlich erschwerten die unregelmäßige Form und die lose Oberfläche eine Landung. Da ist es vielleicht doch entspannender, wenn wir solche Sachen der Fiktion von Hollywood und Bruce Willis überlassen.

Wir bleiben lieber in der Realität, in der die Asteroiden deutlich mehr sind als Bösewichte, die uns alle umbringen wollen. Wir haben ihnen nämlich einiges zu verdanken. Sie liefern uns nicht nur wertvolle wissenschaftliche Informationen über die Entstehung des Sonnensystems und der Planeten, sondern haben auch eine wichtige Rolle bei der Entstehung des Lebens auf der Erde gespielt. Wir können nur deswegen hier existieren, weil es auf der Oberfläche unseres Planeten jede Menge Wasser gibt. Die Frage seiner Herkunft steht heute immer noch im Fokus der Forschung. Da die junge Erde glühend heiß war und das ursprünglich dort vorhandene Wasser schnell verdampfte, muss es noch eine andere Quelle für das Wasser gegeben haben. Die Spur führt zu den Asteroiden: Sie enthalten zwar nicht so viel Eis wie die Kometen, aber immer noch genug. Analysen von Meteoriten zeigen, dass die detaillierte chemische Zusammensetzung dieses Wassers dem auf der Erde sehr ähnlich ist. Es liegt also nahe, dass die Asteroideneinschläge in der Frühzeit des Sonnensystems einen Großteil des Wassers auf die Erde gebracht haben, das ihre Oberfläche heute zu mehr als 70 % bedeckt. Ohne Asteroideneinschläge gäbe es kein Leben auf der Erde und selbst ein Massensterben wie das vor 66 Millionen Jahren hat aus unserer Sicht etwas Gutes. Wenn die Dinosaurier nicht ausgestorben wären, dann hätten sich die Säugetiere nie so über den Planeten ausbreiten können, wie sie es danach getan haben, und wir Menschen wären vermutlich nie entstanden.

Es gibt genug Gründe, die Asteroiden nicht nur zu fürchten, sondern sie auch zu feiern. Das kann man übrigens jedes Jahr am 30. Juni tun, wenn der »International Asteroid Day« stattfindet. Das ist auch eine gute Gelegenheit, sich noch einmal *Armageddon* anzusehen und auf die Suche nach noch unentdeckten wissenschaftlichen Fehlern im Film zu gehen.

Hatte die Sonne einen bösen Zwilling?

Jana

Den Asteroid Day müssen wir ab jetzt auf jeden Fall feiern!

Elka

Müssen wir dann auch jedes Jahr *Armageddon* schauen?

Eva

Keine Sorge, es gibt noch jede Menge andere Weltuntergangsfilme. Aber habt ihr gewusst, dass die wissenschaftliche Forschung zum Aussterben der Dinosaurier auch noch ganz andere Konsequenzen gehabt hat?

Jana

Na, ich will schon hoffen, dass daraus nicht nur schlechte Blockbuster entstanden sind.

Eva

Haha, nein. Aber habt ihr schon mal von »Nemesis« gehört, dem bösen Zwilling der Sonne?

Elka

Ich will ja nix sagen, aber das klingt noch viel mehr nach einem schlechten B-Movie.

Eva
Stimmt auch wieder. Aber die Geschichte von Nemesis ist tatsächlich Wissenschaft. Es geht dabei um die Frage, ob die Sonne vielleicht gar kein Einzelstern ist.

Jana
Und was hat das mit Asteroideneinschlägen zu tun?

Eva
Das erzähl ich euch jetzt!

Neugier, Forscherdrang und eine rätselhafte Gesteinsschicht haben Walter und Luis Alvarez zu der Erkenntnis geführt, dass der Einschlag eines riesigen Objekts aus dem All ein Massenaussterben und das Verschwinden der Dinosaurier verursacht hat (wie wir im vorangegangenen Kapitel gelesen haben). Die Erkenntnis, dass außerirdische Ereignisse einen derartigen Effekt auf die Erde und die dort stattfindenden Entwicklungen haben können, musste jedoch erst einmal verdaut werden. Als die »Impakt-Theorie« 1980 erstmals in der Fachzeitschrift *Science* veröffentlicht wurde, beäugte die Wissenschaftsszene sie mit großer Skepsis und forderte Beweise für diese kühne Idee.

Während Vater und Sohn Alvarez auf der Suche nach dem Einschlagkrater waren, um ihre Hypothese eines außerirdischen »Killers« zu beweisen, begannen andere Forschungsgruppen der Frage nachzugehen, welche Auswirkungen der Einschlag großer Asteroiden und Kometen auf die Erde und die Evolution des Lebens haben könnte. Es war bereits seit dem 19. Jahrhundert bekannt, dass es in der erdgeschichtlichen Entwicklung immer wieder zu Massenaussterben gekommen war, einem großen Artensterben innerhalb kurzer Zeit. Als

Ursache ging man von klimatischen Veränderungen aufgrund von Meeresspiegelschwankungen oder Kontinentalverschiebungen aus, also geologischen Prozessen hier auf der Erde, welche die Umweltbedingungen für einen Großteil der vorherrschenden Arten auf tödliche Art und Weise veränderten.

1984 machten die beiden Paläontologen David Malcolm Raup und John Sepkoski eine Aufsehen erregende Entdeckung: Ihre Daten zeigten, dass Massenaussterben periodisch stattfinden. Alle 26 Millionen Jahre sah sich die Erde mit einem Ereignis globalen Ausmaßes konfrontiert, in dessen Folge über 50 % der Arten verschwanden. Was könnte die Ursache dafür sein, dass derartige Katastrophen nicht einfach irgendwann stattfanden, sondern in regelmäßigen zeitlichen Abständen? Die Impakt-Theorie von Alvarez lag am Tisch. Könnte es also sein, dass das Massenaussterben, das während des Übergangs von der Kreidezeit zum Paläogen durch einen Asteroiden verursacht wurde, kein Einzelfall war, sondern derartige Einschläge periodisch stattfinden? Aber wenn derartige globale Katastrophen in der Vergangenheit durch Asteroiden- und Kometeneinschläge verursacht wurden: Was könnte die Ursache für diese Regelmäßigkeit sein? Kollisionen finden zwar immer wieder statt, aber es ist nicht zu erwarten, dass sie regelmäßig auftreten. Ganz im Gegenteil, denn die Zusammenstöße werden durch chaotische Prozesse verursacht, die sich nicht vorhersagen lassen. Hatte man es also mit falschen Daten zu tun?

Nicht unbedingt, dachten sich einige Astronomen und Astrophysikerinnen, die der rätselhaften Periodizität der Asteroideneinschläge auf die Schliche kommen wollten. Innerhalb weniger Monate wurden gleich mehrere Ansätze zur Erklärung entwickelt. Einigkeit herrschte darin, dass, wenn es zu periodischen Asteroiden-Bombardements kommen sollte, etwas regelmäßig die Bahnen der Asteroiden oder Kometen stören musste. Die Überlegungen gingen an den fernen Rand des Sonnensystems, in eine Region um ein Vielfaches entfernter als Neptun, unser sonnenfernster Planet. Man vermutete die Ursache der Periodizität in der Oort'schen Wolke.

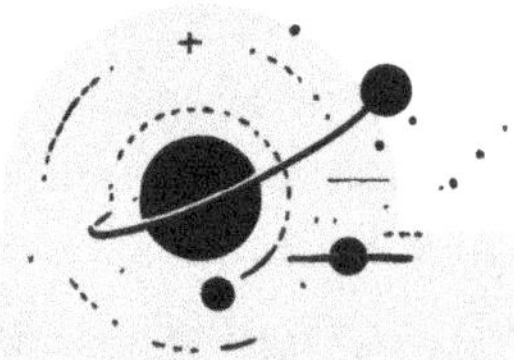

Was ist die Oort'sche Wolke?

Die Oort'sche Wolke ist eine kaum erforschte Region in unserem Sonnensystem. Sie ist keine Wolke in dem Sinne, wie wir Wolken hier auf der Erde kennen, sondern eine »Kometenwolke«, in der sich Milliarden unterschiedlicher Gesteins- und Eisbrocken befinden. Sie lässt sich in ihrer Gesamtheit nicht direkt beobachten, aber wir wissen dennoch, dass es sie geben muss.

Wenn wir Kometen am Himmel beobachten, können wir ihre Bahn bis zu ihrem Ursprung im äußeren Sonnensystem zurückverfolgen. Je nach Umlaufbahn kann ihre Herkunft zwei Regionen zugeordnet werden: dem Kuiper-Gürtel oder der Oort'schen Wolke.

Der Kuiper-Gürtel ist eine riesige ringförmige Region außerhalb der Neptunbahn in einer Entfernung von 30 bis 50 Astronomischen Einheiten (wobei eine Astronomische Einheit (AE) der durchschnittlichen Entfernung von Sonne und Erde, also 150 Millionen Kilometern, entspricht). Dort befinden sich hunderttausende Kometen und Asteroiden und sie umlaufen die Sonne in mehr oder weniger derselben Ebene und Richtung, wie es auch die Planeten tun.

Die meisten Kometen, die in das innere Sonnensystem (und somit auch in die Nähe der Erde) kommen, machen das aber nicht. Sie kommen aus allen möglichen Richtungen, und ihre Bahnen sind komplett zufällig um die Sonne herum verteilt. Charakteristisch für diese Kometen ist zudem ihre enorm lange Umlaufperiode. Der 2020 entdeckte Komet Neowise hat zum Beispiel eine Umlaufzeit von 6.800 Jahren und der Komet Tsuchinshan-ATLAS (C/2023 A3), der 2024 am Himmel gut sichtbar war, weist eine Periode von 80.000 Jahren auf. Sie müssen also aus einer Region kommen, die sehr weit entfernt ist und das Sonnensystem komplett umgibt, der Oort'schen Wolke.

Als Erster beschrieben hat diese ferne Kometenwolke der niederländische Astronom Jan Hendrik Oort (1900–1992) im Jahr 1950. Sie befindet sich in einer Entfernung von 50.000 bis 100.000 Astronomischen Einheiten. Wie weit weg das ist, können wir uns in einem Modell vorstellen. Schrumpft man das Sonnensystem so weit, dass die Umlaufbahn des Pluto gerade noch in einem Fußballfeld Platz hat, dann wäre die Oort'sche Wolke immer noch mehrere Kilometer weit davon entfernt. Selbst die Raumsonde Voyager 1, die seit 1977 durch das All fliegt und die am weitesten entfernte Raumsonde ist, befindet sich erst bei 160 AE und damit noch weit entfernt von der Oort'schen Wolke. Und weil sie so weit weg ist, werden die Objekte dort nicht nur von der Sonne, sondern auch von anderen Sternen beeinflusst.

Was könnte also in dieser entlegenen Region für Unruhe sorgen? Als eine Möglichkeit hat man die Milchstraße selbst in Betracht gezogen. Unsere Galaxie besteht aus einer 100.000 Lichtjahre durchmessenden Scheibe aus Sternen, die aber nur 1.000 bis 3.000 Lichtjahre dick ist. Die Sterne darin bewegen sich alle um das Zentrum der Milchstraße herum. Wenn unsere Sonne dabei in Regionen kommt, in denen es gerade besonders viele große interstellare Gas- und Staubwolken gibt, kann das zu gravitativen Störungen bei den Kometen der Oort'schen Wolke führen. In Folge können diese dann auf Umlaufbahnen geraten, die sie ins innere Sonnensystem bringen.

Der Physiker und Astronom Richard Muller, ein ehemaliger Student und Kollege von Alvarez, dachte damals auch darüber nach, was dazu führen kann, dass Asteroiden regelmäßig auf die Erde treffen. Bei seiner Arbeit untersuchte er das Alter der bekannten Impaktkrater auf der Erde und fand dabei ebenfalls eine Periodizität der Einschläge. Es sah so aus, als würden die Bombardements aus dem All, die Massenaussterben verursachten, tatsächlich nicht zufällig auftreten, sondern periodisch alle 26 Millionen Jahre. Etwas schien in regelmäßigen Abständen die Bahnen der Kometen in der Oort'schen Wolke zu stören und sie in Richtung des inneren Sonnensystems und der Erde zu lenken. Dieses Etwas müsste so groß und massereich sein, um mit seiner Schwerkraft die Kometen beeinflussen zu können. Zudem muss es sich auf einer Umlaufbahn befinden, die es alle 26 Millionen Jahre in die Nähe der Sonne führt. Was für ein Objekt könnte das sein?

Muller vermutete, dass es sich um einen Stern handelte. Vielleicht ist die Sonne gar kein Einzelstern, sondern hat einen Begleiter, den wir bis jetzt nur noch nicht gefunden haben! Unsere Sonne wäre dann Teil eines sogenannten Doppelsternsystems. Die Mehrheit der Sterne befindet sich in solchen Doppel- oder sogar Mehrfachsternsystemen. Unsere Sonne als Einzelgängerin wäre also eher die Ausnahme von der Regel. Dass unsere Sonne bei der Geburt eine Schwester gehabt haben könnte, ist also gar nicht mal so abwegig. Da dieser hypothetische Stern für das Ende der Dinosaurier verantwortlich gemacht wurde, bekam er den Namen der griechischen Göttin für Vergeltung und Rache: Nemesis.

Halten wir an dieser Stelle kurz inne und lassen uns Mullers Hypothese nochmal durch den Kopf gehen: Wir schreiben das Jahr 1984. Die Einschlags-Theorie von Alvarez ist noch weit davon entfernt, bestätigt zu werden, und sorgt für Wirbel in der Wissenschaftsszene. Nun kommen auch noch Raup, Sepkoski und Muller dazu, die behaupten, dass ein unentdeckter Stern in unserem Sonnensystem für regelmäßige Asteroideneinschläge und damit einhergehende Katastrophen sorgt. Na bumm!

Kühne Ideen

Dabei ist die Vorhersage eines unbekannten Himmelskörpers gar nicht so abwegig. In der Geschichte der Astronomie wurde immer wieder die Existenz hypothetischer Planeten postuliert, um gewisse Beobachtungen erklären zu können. Die Astronomie ist eine exakte Wissenschaft, ihre Werkzeuge sind die Mathematik und die Gesetze der Physik. Beobachtungen, die am nächtlichen Himmel gemacht werden, lassen sich durch mathematische Gleichungen beschreiben. Wir können den Lauf der Planeten berechnen und die

Wiederkehr von Kometen voraussagen. Diese Gesetze sagen uns, wie schnell sich ein Planet aufgrund seiner Umlaufdauer um die Sonne bewegt oder wann die Sonne nach der langen Polarnacht wieder am Horizont auftaucht. Wenn nun aber die Beobachtungen mit den Berechnungen nicht mehr zusammenpassen, werden Astronom*innen besonders neugierig!

Genau das passierte zum Beispiel im 19. Jahrhundert, als man bemerkte, dass sich der Uranus auf seiner Bahn nicht so verhielt, wie er eigentlich sollte. Offenbar wurde er durch die Gravitation eines noch nicht entdeckten Objektes gestört! Der französische Mathematiker Urbain Le Verrier machte sich daran, die Position dieses unbekannten Planeten zu berechnen. Er bat Johann Gottfried Galle von der Berliner Sternwarte, er möge bitte am entsprechenden Ort mit seinem lichtstarken Teleskop nachsehen, ob da nicht ein kleines Scheibchen zu sehen sei. Und tatsächlich befand sich an der errechneten Stelle ein Planet, den wir heute als »Neptun« kennen. Neptun ist übrigens der einzige Planet, der aufgrund mathematischer Vorhersagen entdeckt wurde. Da soll noch jemand sagen, Mathe sei nicht super!

Das dachte sich auch Le Verrier, der nach seinem Erfolg eine weitere, andere Unregelmäßigkeit in der Bewegung der bekannten Planeten erklären wollte. Diesmal war es Merkur, der sich nicht so um die Sonne bewegte, wie es das Gravitationsgesetz von Isaac Newton vorhergesagt hatte. Was einmal funktioniert hat, funktioniert bestimmt ein zweites Mal, dachte sich Le Verrier und postulierte die Existenz eines Planeten, dem man den Namen »Vulkan« gab. Die Suche blieb jedoch erfolglos und ein Planet innerhalb der Merkurbahn wurde nie entdeckt. Das Problem konnte erst 1916 durch Albert Einsteins Relativitätstheorie erklärt werden, mit der sich die Gravitationskraft sehr viel genauer beschreiben ließ als mit den Formeln von Isaac Newton. Ein wissenschaftliches Problem zu lösen, indem man die Existenz eines noch unbekannten Himmelskörpers behauptet, kann also funktionieren – oder auch nicht.

Wie sah die Sachlage nun bei dem hypothetischen Stern Nemesis aus? Bei Neptun handelt es sich um einen Planeten, der lediglich das Licht der Sonne reflektiert. Ein Stern wie Nemesis leuchtet dagegen aus eigener Kraft, und wenn wir selbst weit entfernte Sterne und Galaxien mit unseren Teleskopen beobachten können, sollte es eigentlich leicht sein, Nemesis zu finden, der ja noch dazu irgendwo in der Nähe (im astronomischen Sinne) sein müsste.

Aber so einfach ist es leider nicht. Wenn Sterne in der Astronomie beobachtet und fotografiert werden, sieht man erstmal nur helle und weniger helle Punkte am Himmel. Das sehen wir sogar mit bloßem Auge: Sterne wie der Polarstern sind so deutlich zu sehen, dass sie als Orientierungshilfe dienen, andere sehen wir gerade noch, wenn wir die Augen zusammenkneifen. Die Helligkeit sagt uns jedoch nicht, wie nah oder fern ein Stern ist. Ein großer, leuchtstarker Stern kann weit weg und trotzdem gut sichtbar am Himmel sein, während ein kleiner, schwach leuchtender Stern nur deswegen genauso gut zu sehen ist, weil er viel näher ist. Die Feststellung der Entfernung ist in der Astronomie keine leichte Angelegenheit, man braucht dazu aufwendige Messungen, genaue Instrumente und viele Berechnungen. Nemesis könnte bereits auf vielen Aufnahmen abgebildet worden sein, aber zu den unzähligen Sternen gehören, bei denen wir uns die Mühe der Entfernungsbestimmung noch nicht gemacht haben. Bevor wir aber nun die Archive stürmen, um nach der vermissten Schwester der Sonne zu suchen, müssen wir zuerst klären, wonach wir eigentlich genau Ausschau halten müssen. Welche physikalischen Eigenschaften müsste Nemesis haben, um regelmäßig Kometen aus der Oort'schen Wolke in Richtung Erde zu treiben?

Die Berechnungen von Muller und seinem Team ergaben, dass so ein, bislang unsichtbarer, Begleiter der Sonne eine extrem langgestreckte Umlaufbahn haben muss. Er entfernt sich bis zu 170.000 AE von der Sonne, wo er keinen Einfluss auf die Oort'sche Wolke nehmen kann, nähert sich aber am sonnennächsten Punkt der Umlaufbahn auf circa 30.000 AE, direkt hinein in die äußeren Regionen der Wolke aus Kometen. Das passiert alle 26 Millionen Jahre und jedes Mal werden dadurch die Bahnen von Milliarden Kometen gestört. Einige von ihnen werden dadurch in das innere Sonnensystem geschleudert, wo ein Teil nach ein bis zwei Millionen Jahren mit der Erde kollidiert und ein Massenaussterben verursachen kann. Nemesis muss außerdem ein Stern sein, der kleiner und masseärmer ist als die Sonne, ansonsten wäre sein Effekt auf das innere Sonnensystem so groß, dass wir ihn schon längst abseits der Massensterben beobachtet hätten. Es kann sogar sein, dass Nemesis gar kein Stern, sondern ein Brauner Zwerg ist.

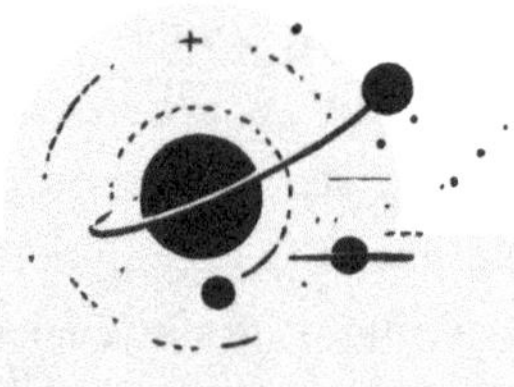

Was sind Braune Zwerge?

Sterne leuchten, weil in ihrem Inneren Kernfusion stattfindet. Der Prozess ist im Detail im Kapitel »Exoplanetenforschung« beschrieben. An dieser Stelle müssen wir nur wissen, dass bei diesem Prozess jede Menge Energie freigesetzt wird, die wir in Form von Strahlung beobachten können. Dazu muss im Kern von Sternen eine Temperatur von mehreren Millionen Grad Celsius und ein ausreichend hoher Druck herrschen, nur dann kann dort Wasserstoff zu Helium fusionieren. Das geht nur, wenn der Stern auch eine ausreichend große Masse hat. Er braucht mindestens 80-mal so viel Masse wie der Jupiter, was ungefähr 8,0 % der Sonnenmasse entspricht. Unterhalb dieser Grenze kann es nicht zur Fusion von Wasserstoff zu Helium kommen. Genau das ist bei Braunen Zwergen der Fall. Sie haben zu wenig Masse und damit eine zu geringe Temperatur im Zentrum, um dauerhaft diese Art der Kernfusion zu zünden. Es reicht allerdings noch für andere Arten der Fusion. Anstatt Wasserstoff kann dort Deuterium (ein Isotop des Wasserstoffs) zu Helium verschmolzen werden. Dabei wird allerdings weniger Energie freigesetzt und die vorhandene Menge an Deuterium ist sehr viel geringer als die des Wasserstoffs. Braune Zwerge leuchten daher sehr viel schwächer und kürzer als echte Sterne und können in einem gewissen Sinn als »gescheiterte Sterne« betrachtet werden. Sie sind also ein Mittelding zwischen Sternen und Planeten und, da sie so leuchtschwach sind, nur schwer zu beobachten. Erst 1995 konnte der erste von ihnen entdeckt werden.

Wenn es sich bei dem gesuchten Objekt also tatsächlich um einen Braunen Zwerg handelt, würde er selbst mit Teleskopen nur sehr schwer zu entdecken sein. Allerdings strahlen auch Braune Zwerge immer noch Wärme ab, und diese Wärme können wir mit Infrarot-Teleskopen detektieren.

Auf der Suche nach Nemesis

Genau das dachten sich auch Muller und seine Kolleg*innen. Kurz zuvor, im Jahr 1983, war der Infrared Astronomical Satellite (IRAS) gestartet worden, das erste Weltraumteleskop, das den Himmel im Infrarotlicht der Wärmestrahlung beobachten konnte. Man muss Infrarot-Teleskope übrigens deswegen ins All schicken, weil die Wärmestrahlung der Himmelskörper von der Atmosphäre der Erde blockiert wird. Beobachtungen im Infrarotbereich sind sehr heikel, weil schon die Wärmeabstrahlung der Instrumente selbst die Messung stören kann. Dies war auch der Grund, warum IRAS nur zehn Monate im Einsatz war: Das Kühlmittel, mit dem die Messinstrumente auf ausreichend geringer Temperatur gehalten wurden, war aufgebraucht. Dennoch reichte es, um jede Menge Entdeckungen zu machen und einen völlig neuen Blick auf den Himmel zu werfen. Ein eindeutiger Befund für einen Braunen Zwerg, der Nemesis hätte sein können, blieb aber aus.

Spätere Instrumente wie der NASA-Satellit WISE (Wide-Field Infrared Survey Explorer), der von 2010 bis 2024 den Himmel mit einer 100-mal höheren Empfindlichkeit als IRAS beobachtet hatte, fanden zwar Dutzende Braune Zwerge, aber keiner davon war nahe genug, um Nemesis sein zu können.

Im Jahr 2013 startete die Europäische Raumfahrtorganisation ESA die Gaia-Mission mit dem Ziel, den bislang genauesten Sternenkatalog zu erstellen. Gaias Arbeit ist absolut beeindruckend. Als das Teleskop nach mehrfacher Verlängerung seiner Mission im März 2025 abgeschaltet wurde, hatte es zwei Milliarden Sterne beobachtet und ihre Eigenschaften analysiert. Darunter waren Sterne, die eine Million Mal schwächer leuchten als jene, die wir mit dem bloßen Auge sehen können. Bei mehr als 800 Millionen dieser Sterne konnten auch die Entfernungen gemessen werden. Mit diesen umfassenden Daten verfügen wir heute über die bisher genaueste und präziseste 3D-Sternenkarte der Milchstraße.

Wenn Nemesis existiert, dann hätten ihn WISE oder aber spätestens Gaia aufspüren müssen. Dass der Nachweis von Nemesis bis heute nicht gelungen ist, bedeutet zwar nicht, dass er nicht existiert. Allerdings macht es die ganze Theorie enorm unwahrscheinlich. Dazu kommt, dass mittlerweile auch neue Auswertungen über die Altersverteilung der Krater auf der Erde vorliegen, die zeigen, dass die statistischen Berechnungen aus den 1980er Jahren Fehler enthielten. Es scheint also gar kein periodisches Auftreten der Asteroideneinschläge zu geben. Das sind schlechte Nachrichten für alle, die die Nemesis-These vertreten. Auch wenn es in der Erdgeschichte immer wieder zu Massenaussterben kam, schließt man mittlerweile eine böse Schwester der Sonne, die regelmäßig Kometen in Richtung Erde schleudert, als Ursache aus. Ob die Massensterben wirklich regelmäßig auftreten oder nicht, wissen wir nicht zweifelsfrei. Wir wissen aber, dass es sich lohnt, auf die Suche nach unbekannten Himmelskörpern zu gehen. Es könnte immer noch sein, dass die Sonne einen weit entfernten Begleitstern hat. Aber dann muss es eine nette Schwester sein, die der Oort'schen Wolke nicht nahe kommt und keine Katastrophen auslöst. Die Astronomie wird weiter einen genauen Blick auf die Nachbarschaft des Sonnensystems werfen. Die umfangreiche Datensammlung der Gaia-Mission ist übrigens frei zugänglich im Internet abrufbar. Wer bei der Familienzusammenführung im Sonnensystem helfen will, kann sich also gerne beteiligen.

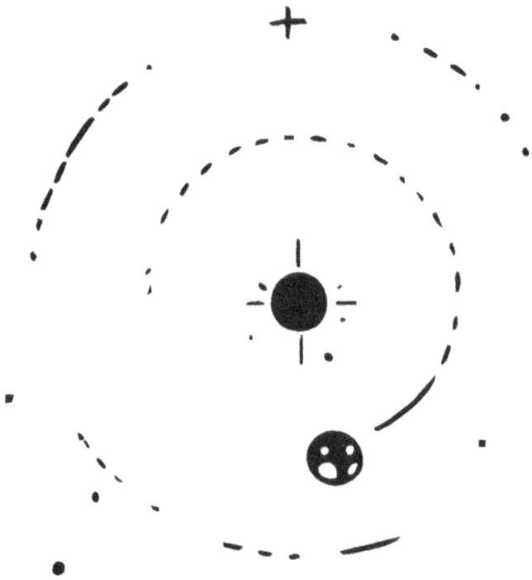

Der Mensch im Weltall

Elka
Nur für den Fall, dass sich doch ein Asteroid zu uns auf die Erde verirrt, wär's praktisch, wenn wir bis dahin auf andere Planeten fliehen könnten …

Eva
Also ich hätte nichts gegen eine kleine Reise ins All!

Jana
Ich glaub zwar, dass andere Planeten nicht viel gemütlicher sein werden, aber toll wär das schon.

Elka
Ich würd ja lieber auf der Erde bleiben, auch wenn es schon spannend wäre, andere Planeten oder Sterne zu sehen. Zurzeit beobachte ich die Raumfahrt jedoch lieber vom Boden aus. Mit etwas Glück reist Elon mit seinen Freunden ja bald zum Mars und wir haben die Erde für uns!!

Wenn du ein Raumfahrt-Fan und ein Mensch im 21. Jahrhundert bist, hast du ziemliches Glück gehabt. Denn den Homo sapiens gibt es schon ganze

300.000 Jahre auf der Erde, aber erst vor gut sechzig Jahren haben wir unseren Heimatplaneten zum ersten Mal verlassen. Seither haben wir es immerhin bis zu unserem Trabanten, dem Mond, geschafft. Angesichts der unvorstellbaren Weite des Weltalls wirken wir wohl wie kleine Ameisen, die sich gerade mal einen Katzensprung von ihrem Ameisenhaufen entfernt haben. Aber hey, jede*r fängt mal klein an! Nichtsdestotrotz ist die Geschichte der bemannten Raumfahrt eine spannende Erzählung voller wissenschaftlicher Höchstleistungen, politischer Machtspiele, inspirierender Erfolge und tragischer Rückschläge. Wir starten, wie so oft, ganz am Anfang, bei einem gewissen Juri Gagarin und sehen dann, wohin uns die kosmische Reise führen könnte.

Historische Meilensteine – Im Wettlauf zum Himmel

Die Eroberung des Alls beginnt nicht in friedlicher Zusammenarbeit, sondern im erbitterten Wettstreit. Mitten im Kalten Krieg liefern sich die USA und die Sowjetunion einen Wettlauf um die Vorherrschaft im All: das Space Race.

Pojechali! – Als die Sowjets führten

Mit dem Ausruf »Pojechali!«, was auf Deutsch »Auf geht's!« bedeutet, läutet der Kosmonaut Juri Gagarin am 12. April 1961 nicht nur den Start seiner Rakete, sondern damit auch die Ära der bemannten Raumfahrt ein. Sein Flug dauert 108 Minuten und macht ihn zur Legende: der erste Mensch im Weltall. Juri Gagarin, der sowjetische Bauernsohn, ist zu dieser

Zeit erst 27 Jahre alt und zweifacher Vater. Seine Mission ist streng geheim, nicht einmal seiner Mutter darf er davon erzählen. Die vollautomatische Raumkapsel Wostok-1 soll ihn ins All bringen. Gagarins Aufgabe besteht im Wesentlichen darin, durchzuhalten und zu überleben. Das ist keine Selbstverständlichkeit, denn seine Überlebenschancen sind geringer, als man es sich für einen entspannten Flug ins All wünschen würde. Doch trotz einiger Pannen landet der Raumfahrtpionier wieder sicher auf der Erde, wenn auch etwas abseits des geplanten Landeplatzes. Dabei beschert er einer sowjetischen Bäuerin den Schreck ihres Lebens, als sie plötzlich einen Menschen in einem orangen Overall vom Himmel fallen sieht. Zum Glück kein Alien, sondern der strahlende Juri Gagarin.

Im Kalten Krieg dient die Raumfahrt den beiden Supermächten USA und UdSSR als Bühne, um ihre technologische und wirtschaftliche Überlegenheit unter Beweis zu stellen. Es geht nicht nur um Wissenschaft, sondern um einen Wettstreit der Systeme: Kapitalismus gegen Kommunismus. Für das Land der unbegrenzten Möglichkeiten sieht es zunächst sehr schlecht aus. 1957 bringt die Sowjetunion mit Sputnik den ersten Satelliten in die Erdumlaufbahn. Die 83 Kilogramm schwere Kugel sendet zwar nur Piep-Signale, wird aber zum eigentlichen Startschuss des Space Race. Im selben Jahr legt die UdSSR nach und schickt das erste Lebewesen ins All, die Hündin Laika. Die tragische Heldin Laika überlebt den Flug wegen Überhitzung nicht, aber beweist, dass Säugetiere prinzipiell im All überleben können. Nach einigen erfolgreichen Hunde-Missionen trauen sich die Sowjets nun, erstmals einen Menschen ins All zu schießen. Juri Gagarin witzelt im Training, er wisse nicht, ob er der letzte Hund oder der erste Mensch im All sein werde. Sein Flug wird jedenfalls ein triumphaler Erfolg für die russische Raumfahrt und für die Menschheit insgesamt. Juri Gagarin, der sympathische Kosmonaut, wird weltweit gefeiert. Die USA ist unterdessen in starken Zugzwang geraten. Sie müssen dringend aufholen, wenn sie diesen Wettlauf gewinnen wollen.

The Eagle has landed – Das Aufholmanöver der USA

Während Gagarin als Held gefeiert wird, setzen die USA alles daran, ihren Rückstand aufzuholen. Zehn Monate später gelingt es der NASA, den ersten US-Amerikaner ins Weltall zu schicken. Der Astronaut John Glenn umkreist in seiner Mercury-Kapsel dreimal die Erde. Doch das war für die USA nur der Anfang. Präsident John F. Kennedy hatte bereits 1961 in einer Rede vor dem Kongress erklärt, die Nation solle sich nichts Geringeres vornehmen, als den Mond zu erreichen, und zwar noch vor Ende des Jahrzehnts. Um das zu erreichen, startet die NASA das Apollo-Programm, dessen ultimatives Ziel es ist, einen Menschen auf den Mond und sicher zur Erde zurückzubringen. Leider steht der Beginn der Apollo-Missionen unter keinem guten Stern. Bei einem Testlauf der Apollo-1-Kapsel kommt es auf der Testrampe in Cape Canaveral (Florida) 1967 zu einem tragischen Unfall, bei dem die drei Astronauten Virgil Grissom, Edward White und Roger Chaffee ums Leben kommen. In der Kapsel war ein Feuer ausgebrochen, das durch das eingebaute Lebenserhaltungssystem noch weiter angefacht wurde. Eigentlich hätte dieses Notfallsystem die Astronauten vor einem Sauerstoffabfall schützen sollen und reagierte deshalb mit erhöhter Sauerstoffzufuhr. Im Falle eines Feuers aber ein katastrophaler Mechanismus.

Der Druck in der Kapsel stieg so stark an, dass es schließlich unmöglich wurde, die Luke zu öffnen, um die Astronauten zu retten. Dieser traurige Vorfall führte zu einer grundlegenden Überarbeitung der Apollo-Kapseln und erhöhte die Sicherheitsmaßnahmen für die zukünftigen Apollo-Missionen erheblich.

Die NASA entwickelt außerdem die bis dahin größte und leistungsstärkste Trägerrakete: die gewaltige Saturn V. Sie hat genug Schubkraft, um die Apollo-Raumkapsel mit drei Astronauten und eine Landefähre bis zum Mond zu bringen. Chefarchitekt dieser Trägerrakete ist Wernher von Braun, ein deutscher Raketeningenieur und ehemaliges SS-Mitglied. Aufgrund seiner herausragenden technischen Fähigkeiten, welche die USA schließlich zum Mond brachten, wurde seine Nazi-Vergangenheit lange Zeit ignoriert. Von Braun entwickelte im Deutschen Reich unter anderem die V2-Rakete, die unter Einsatz von Zwangsarbeit in Konzentrationslagern gebaut wurde und dabei tausende Menschenleben forderte. Erst 1972 endet seine Zusammenarbeit mit der NASA. Bis dahin feierte die NASA zahlreiche Erfolge mit dem Apollo-Programm, während das sowjetische Raumfahrtprogramm unter anderem durch den Tod des führenden Raketenkonstrukteurs Sergei Koroljow 1966 einen entscheidenden Rückschlag erleidet.

Mit der Apollo 8 gelingt es der NASA 1968 erstmals, mit einer bemannten Kapsel den Mond zu umkreisen. Auf dieser Mission wird am Heiligabend außerdem das berühmte Earthrise-Foto aufgenommen, auf dem unsere blaue aufgehende Erde hinter dem Mondhorizont zu sehen ist. Das wunderschöne Foto veränderte den Blick auf unseren Heimatplaneten und inspirierte sowohl die Friedensbewegung als auch den Umweltschutz. Doch die prominenteste Rolle in unseren Geschichtsbüchern nimmt die Apollo 11 ein, die am 20. Juli 1969 das Ziel des Apollo-Programms erfüllt: den ersten Menschen auf den Mond zu bringen. Während der Astronaut Michael Collins im Kommandomodul den Mond umrundet und auf seine Kollegen wartet, landen Neil Armstrong und Buzz Aldrin mit ihrer Landefähre »Eagle« auf dem Mond. Sie verbringen 2,5 Stunden auf der Mondoberfläche, sammeln Mondgestein, stellen Messinstrumente auf und platzieren die berühmte US-amerikanische Flagge. Ein historischer Moment, der von Millionen Menschen weltweit im Fernsehen und Radio mitverfolgt wird. Die Menschheit hat es tatsächlich geschafft, erstmals einen anderen Himmelskörper zu betreten. In einem fulminanten Endspurt konnte die USA das Space Race nun doch für sich entscheiden.

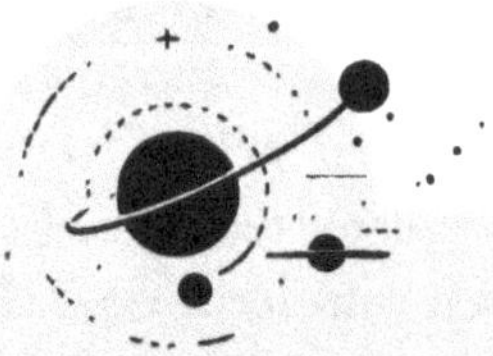

Serientipp – For all Mankind

Was wäre passiert, wenn die Sowjetunion als Erste auf dem Mond gelandet wäre und das Space Race nicht geendet, sondern noch an Tempo gewonnen hätte? Die Serie *For All Mankind* spinnt genau dieses Gedankenexperiment weiter. Sie verbindet historische Fakten mit einer fiktiven Geschichte und erzählt eine alternative Raumfahrtchronik, in der die UdSSR und die USA über Jahrzehnte hinweg um die Vorherrschaft im All konkurrieren. Große Empfehlung!

Nach der geschichtsträchtigen ersten Mondlandung lässt das politische Interesse und vor allem die Finanzierung für Mondabenteuer Stück für Stück nach. Zwar folgen noch einige weitere Apollo-Missionen, doch nur wenige Jahre später endet das amerikanische Mondprogramm endgültig. Eine der bekanntesten ist die Apollo-13-Mission, jene Mission, die 1970 beinahe in einer Katastrophe endet und später in einem Hollywood-Film eindrucksvoll nacherzählt wird. Am Weg zum Mond kommt es auf der Apollo 13 zu einer Explosion eines Sauerstofftanks. In einer spektakulären Rettungsaktion steigen die Astronauten in die Mondlandefähre um und nutzen diese als improvisiertes »Rettungsboot«. Mit knappen Ressourcen und in eisiger Kälte schaffen sie es in enger Zusammenarbeit mit dem Mission Control Center in Houston, wohlbehalten zur Erde zurückzukehren. Die Rettung der Apollo 13 wird zum Symbol für Teamarbeit und Zusammenhalt. Die NASA wird diese dramatische Mission künftig als »erfolgreichen Fehlschlag« bezeichnen.

Das Schlusslicht des Programms bildet die Apollo 17, die 1972 noch ein letztes Mal Astronauten auf den Mond bringt. Seitdem hat kein Mensch mehr die Mondoberfläche betreten, seit über fünfzig Jahren. Drei Jahre nach dem offiziellen Ende der Apollo-Missionen gibt es aber noch eine außergewöhnliche Apollo-Mission: das Apollo-Sojus-Projekt. Dabei koppeln sich eine amerikanische Apollo-Kapsel und eine sowjetische Sojus-Kapsel im All aneinander. Die US-amerikanischen Astronauten und russischen Kosmonauten reichen sich im All die Hand – ein historischer Handschlag, der mitten im Kalten Krieg ein Zeichen der Völkerverständigung setzt und den Weg für künftige Kooperationen in der Raumfahrt bereitet.

Moderne Raumfahrt – Zwischen Wissenschaft und Tourismus

Nach Jahrzehnten des erbitterten Wettlaufs zwischen zwei Supermächten wandelt sich die Raumfahrt Schritt für Schritt zu einem Ort internationaler Zusammenarbeit. Heute wagen auch zahlreiche andere Nationen und sogar private Firmen den Aufbruch ins All.

Das fliegende Labor – Die Internationale Raumstation (ISS)

Vielleicht hast du schon mal einen sehr hellen, gleichmäßig leuchtenden Punkt über den Nachthimmel düsen gesehen. Die Chancen stehen gut, dass du die Internationale Raumstation (International Space Station – ISS) bei einem ihrer Überflüge beobachtet hast. Dabei leuchtet sie nicht von selbst, sondern reflektiert das Sonnenlicht auf ihren riesigen Solarpanels, die fast so groß sind wie ein Fußballfeld. Seit dem Jahr 2000 ist die ISS kontinuierlich von Menschen besetzt und dient vor allem als fliegendes Forschungslabor. Über 250 Menschen aus fast 20 Ländern waren bereits an Bord. Die ISS ist somit das größte internationale Technologieprojekt der Menschheitsgeschichte.

Die Raumstation wird von fünf Raumfahrtagenturen betrieben: NASA (USA), Roskosmos (Russland), ESA (Europa), JAXA (Japan) und CSA (Kanada). Jede Organisation ist für ihr eigenes Modul zuständig, ein Vollbetrieb der Raumstation ist aber nur durch Kooperation aller Module möglich. Normalerweise funktioniert die Zusammenarbeit der ISS-Nationen auch in politischen Krisenzeiten sehr reibungsfrei, doch nach dem Überfall Russlands auf die Ukraine (ab 2022) kam es erstmals zu Schwierigkeiten. Russland hatte gedroht, aus der ISS auszusteigen, aber sich nun doch verpflichtet, ihr Modul bis 2028 zu betreiben. Danach wollen sie sich auf die Entwicklung ihrer eigenen neuen Raumstation »ROS« konzentrieren. Viel länger wird es die ISS sowieso nicht geben, da sie voraussichtlich im Jahr 2031 durch einen kontrollierten Absturz außer Betrieb genommen wird. Nach mehr als drei Jahrzehnten im All sind viele ihrer Module technisch veraltet und die Betriebskosten inzwischen enorm. Nach der Abschaltung wird ein Raumfahrzeug verwendet, um die Station kontrolliert aus ihrer Umlaufbahn zu schieben, sodass sie in der Atmosphäre verglüht und in den Pazifischen Ozean stürzt. Ein wehmütiges Ende einer großen Ära der Raumfahrt.

Auch wenn die ISS, vor allem für uns Millennials, die bekannteste Raumstation ist, war sie weder die erste noch die letzte. Schon 1971 schicken die Sowjets die Saljut-Stationen ins All. Es waren mehrere Stationen, die teils militärisch, teils wissenschaftlich genutzt wurden. Zwei Jahre später starten die USA mit Skylab, wo Astronauten über Wochen Experimente in Medizin und Astronomie durchführten. Schließlich geht 1986 die Raumstation Mir in Betrieb, die modulare Station Russlands, auf der Menschen viele Monate leben.

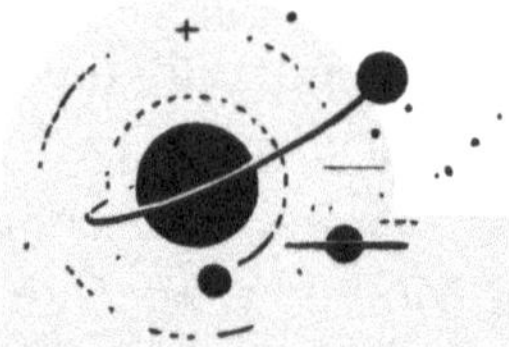

Rekorde der bemannten Raumfahrt

Längste ununterbrochene Zeit im All
437 Tage – Waleri Poljakow auf der Mir, 1994–1995

Längster Weltraumaufenthalt einer Frau
328 Tage – Christina Hammock
Koch auf der ISS, 2019–2020

Längste Gesamtzeit im Weltraum (Männer)
1.110 Tage – Oleg Kononenko

Längste Gesamtzeit im Weltraum (Frauen)
695 Tage – Peggy Whitson

Frau mit den meisten Weltraumausstiegen (EVA*)
Peggy Whitson, 10 EVAs, insgesamt
über 60 Stunden

Längste Zeit auf dem Mond
75 Stunden – Eugene Cernan,
Harrison Schmitt, Apollo 17, 1972

Ältester Mensch im Orbit
77 Jahre alt, John Glenn, 1998

*Extra-Vehicular Activity

Mit der Mir (russisch für »Friede«) entsteht eine deutlich größere und leistungsfähigere Plattform, die über viele Jahre zum Symbol sowjetischer Raumfahrt wird, aber auch zur internationalen Zusammenarbeit führt. Die Mir umkreiste bis zu ihrem kontrollierten Absturz 2001 die Erde und gilt als Vorgänger der ISS, die seit 1998 betrieben wird. Einen entscheidenden Beitrag zum Bau der ISS leisteten die Space Shuttles der NASA, die ersten wiederverwendbaren Raumschiffe. Die Space Shuttles waren 1981 bis 2011 das Rückgrat der NASA. Sie brachten Satelliten ins All, reparierten das Hubble-Teleskop und transportierten Module zur Internationalen Raumstation. Doch die Space-Shuttle-Ära wird auch von zwei Katastrophen überschattet. 1986 zerbricht die Challenger kurz nach dem Start in etwa 15 Kilometern Höhe, alle sieben Astronaut*innen sterben – darunter eine junge Lehrerin, die die erste Zivilistin im Weltall hätte werden sollen. 2003 verglüht die Columbia beim Wiedereintritt in die Erdatmosphäre, auch hier verlieren sieben Menschen ihr Leben. Trotz der technologischen Fortschritte bleibt die moderne Raumfahrt ein gefährliches Unterfangen mit unsicherem Ausgang. Und doch lassen sich immer mehr Nationen und Unternehmen davon nicht abschrecken und wagen den Schritt ins All.

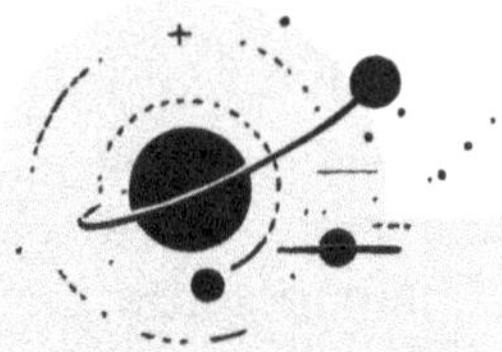

Neue und alte Spieler im All

Russland (Roskosmos)

Russland blickt auf die längste Tradition in der bemannten Raumfahrt zurück. Die Sojus-Raumschiffe sind seit den 1960er Jahren im Einsatz und gelten bis heute als äußerst zuverlässig. Auch nach dem Ende des amerikanischen Shuttle-Programms 2011 blieb Sojus mehrere Jahre lang das einzige Transportmittel für Menschen ins All. Russland plant eine eigene Raumstation mit dem Arbeitstitel ROS (Russische Orbitale Station).

USA (NASA)

Ein alter Hase im Raumfahrt-Game. Inzwischen verfügen die USA auch wieder über eigene Transportmöglichkeiten. Besonders prägend ist die Zusammenarbeit mit privaten Firmen: Mit »Crew Dragon« von SpaceX und »Starliner« von Boeing starten heute wieder regelmäßig bemannte Missionen von amerikanischem Boden. Das nächste große Projekt ist das neue Mondprogramm »Artemis« inklusive kleiner Raumstation im Mondorbit.

China (CNSA)

China trat erst später in die bemannte Raumfahrt ein, hat aber in kurzer Zeit große Fortschritte erzielt. Mit den Shenzhou-Raumschiffen gelangen seit 2003 regelmäßig »Taikonaut*innen« ins All. 2021 nahm die Volksrepublik ihre eigene modulare Raumstation Tiangong (»Himmlischer Palast«) in Betrieb. Sie ist dauerhaft bewohnt und wächst Stück für Stück. China beweist damit, dass es auf Augenhöhe mit den alten Raumfahrtnationen mitspielen kann. Ambitionierte Pläne für den Mond und sogar den Mars sind bereits angekündigt.

Indien (ISRO)

Indien bereitet mit dem Gaganyaan-Programm seine ersten bemannten Missionen vor. Nach mehreren erfolgreichen Satellitenstarts und interplanetaren Sonden will das Land nun auch Menschen ins All bringen. Gelingt der Start, könnte Indien die vierte Nation werden, die eigenständig Astronaut*innen ins All schickt.

Europa (ESA), Japan (JAXA), Kanada (CSA)

Auch wenn Europa, Japan und Kanada keine eigenen bemannten Raumschiffe betreiben, spielen sie eine wichtige Rolle in der internationalen Raumfahrt. Astronaut*innen dieser Länder nehmen regelmäßig an Missionen teil und machen die Raumfahrt zu einem globalen Gemeinschaftsprojekt.

Private Player

2001 fliegt mit Dennis Tito erstmals ein Weltraumtourist ins All. Der amerikanische Milliardär reist zusammen mit zwei Kosmonauten für 20 Millionen Dollar zur ISS. Damit beginnt eine neue, aber auch umstrittene Sparte der Raumfahrt, in der nicht nur Wissenschaft, sondern auch Tourismus für Superreiche im Vordergrund steht. Firmen wie Blue Origin bieten suborbitale Flüge für wenige Minuten Schwerelosigkeit, aber kooperieren gleichzeitig eng mit der NASA. Mit ihren Raumschiffen bringen sie Astronaut*innen zur ISS und planen bereits Missionen zum Mond und Mars.

SpaceX: Der Shootingstar der Raumfahrt, gegründet von Elon Musk, einem Milliardär mit schwierigen politischen Ansichten. SpaceX hat mit dem Crew-Dragon-Raumschiff schon mehrere erfolgreiche bemannte Flüge absolviert und soll eines Tages auch das Deorbit-Fahrzeug liefern, das die ISS kontrolliert zum Absturz bringen wird. Musks große »Vision« ist eine Marskolonie.

Boeing: Der Traditionsriese im Raumfahrtgeschäft. Mit der Starliner-Kapsel wollte Boeing mit SpaceX gleichziehen, hatte aber technische Probleme und Verzögerungen. Trotzdem bleibt Boeing ein wichtiger Partner der NASA für bemannte Flüge.

Blue Origin: Das Prestige-Projekt des Milliardärs Jeff Bezos. Mit der »New Shepard« bietet Blue Origin kurze Weltraumtouren an, arbeitet aber auch an der großen Rakete »New Glenn« und einem Mondlander für das Artemis-Programm der NASA. Zwischendurch gibt es PR-Flüge mit Promis, etwa 2025 mit Katy Perry. Das Motto des Amazon-Gründers scheint zu sein: Umweltbelastung, wie auf Erden, so auch im Himmel.

Neue Horizonte – Vom Mond zum Mars

Es ist gar nicht so einfach, die Zukunft der Raumfahrt vorherzusagen. Nicht nur die technischen Herausforderungen bringen einen Unsicherheitsfaktor mit sich, auch die politische Dimension spielt eine entscheidende Rolle. Wird die internationale Zusammenarbeit im Vordergrund stehen, oder verhindern Krisenherde und autoritäre Staatsführer (absichtlich nicht gegendert) ein gemeinsames Menschheitsprojekt? Und schließlich bleibt auch noch die große Frage der Finanzierung.

Trotz aller Unsicherheiten lohnt sich aber ein Blick auf die nächsten Ziele der bemannten Raumfahrt. Der »nächste große Schritt für die Menschheit« soll die Rückkehr auf den Mond sein. Mehr als fünfzig Jahre nach Apollo plant die NASA mit dem Artemis-Programm nicht nur neue Mondlandungen, sondern auch eine dauerhafte Infrastruktur auf dem und um den Mond. Der Name ist dabei nicht zufällig gewählt: Artemis ist in der griechischen Mythologie die Mondgöttin und Zwillingsschwester von Apollo. Mit Artemis knüpft die NASA also bewusst an die Apollo-Ära an, diesmal jedoch mit internationaler Unterstützung. Auch unsere ESA sowie die japanische und die kanadische Raumfahrtagentur werden kräftig mitmischen. Die Missionen sind in mehrere Etappen gegliedert. Artemis I absolvierte bereits erfolgreich einen unbemannten Flug um den Mond. Artemis II soll nicht nur das erste Mal seit Apollo Menschen in die Mondumlaufbahn bringen, sondern darunter auch erstmals eine Frau! Leider wurde der Start bereits mehrere Male verschoben und ist zurzeit für 2026 geplant. Artemis III soll schließlich den nächsten großen Schritt bringen: die Rückkehr von Menschen auf die Mondoberfläche und den Beginn einer dauerhaften Präsenz. Die erste

Artemis-Mondlandung wird frühestens 2027 erwartet. Für die USA geht es dabei auch darum, China zuvorzukommen, denn die chinesische Raumfahrtagentur plant spätestens 2030 ihre eigene Mondlandung. Bahnt sich hier vielleicht ein neues Space Race an? Russland will jedenfalls künftig enger mit China zusammenarbeiten. Beide Länder diskutieren nicht nur über eine gemeinsame Mondbasis in den 2030er-Jahren, sondern auch über ein nukleares Kraftwerk, das die Station mit Energie versorgen soll.

Doch der eigentliche Traum liegt noch weiter entfernt: der Mars. Die geplante Mondbasis soll dabei als Zwischenstation und Trainingsfeld für zukünftige Marsmissionen dienen. Elon Musk träumt sogar von einer Kolonie mit rund einer Million Menschen auf dem Roten Planeten. Immer wieder hat er Termine für den ersten bemannten Marsflug genannt, die sich jedoch als unrealistisch erwiesen. Die meisten Raumfahrtagenturen rechnen eher damit, dass eine bemannte Marsmission frühestens in den 2040er Jahren möglich sein wird. Bis dahin gilt es aber, noch zahlreiche technische Hürden zu überwinden. Während ein Flug zum Mond nur etwa drei Tage dauert, muss man zum Mars derzeit mit einer Reisezeit von rund neun Monaten rechnen, und das nur in eine Richtung. Welche Folgen die hohe Strahlenbelastung, monatelange Isolation und die geringe Schwerkraft für den Menschen haben werden, ist schwer abzuschätzen. Doch wer weiß, vielleicht erleben wir es tatsächlich noch zu unseren Lebzeiten, dass wir gebannt vor unseren Bildschirmen sitzen und mitfiebern, wenn ein Mensch zum ersten Mal einen fremden Planeten betritt.

Warum wir mehr Frauen ins All schicken sollten

Vielleicht ist es dir schon aufgefallen: Bisher tauchen in diesem Kapitel nur wenige Frauennamen auf. Fast jede*r kennt Juri Gagarin, den ersten Menschen im All. Aber wer war die erste Frau? Es war die Kosmonautin und ehemalige Textilarbeiterin *Walentina Tereschkowa*, die bereits 1963 mit »Wostok 6« ins All startete. Sie blieb bis heute die einzige Frau in der Raumfahrtgeschichte, die auf eine Solomission flog. In den letzten Jahren machte sie als enge Unterstützerin Putins zwar fragwürdige Schlagzeilen, doch ihre historische Leistung bleibt unbestritten. Drei Tage lang kreiste sie um die Erde und umrundete unseren Planeten 48-mal. Fast zwanzig Jahre blieb sie die einzige Frau im All, erst 1982 folgte ihr mit *Swetlana Sawizkaja* eine weitere sowjetische Kosmonautin. Die erste US-Amerikanerin im All, und damit die dritte Frau überhaupt, war die Physikerin *Sally Ride*. Lange Zeit herrschte bei der NASA die Vorstellung, dass ein Raumflug viel zu anstrengend für Frauen sei. Erst 1983 durfte mit Sally Ride endlich eine Frau an einer Mission teilnehmen. Nach ihrem Tod wurde bekannt, dass sie viele Jahre mit einer Frau zusammenlebte. Damit war sie auch die erste bekannte LGBTQ+-Astronautin. Sally Ride erzählte später von manchen skurrilen Momenten, die zeigen, wie wenig die NASA damals auf Frauen vorbereitet war. Ingenieure entwarfen extra ein Schminkset für Astronautinnen. Und man fragte sie allen Ernstes, ob 100 Tampons wohl für ihre einwöchige Mission reichen würden.

Dass Frauen in der Raumfahrt nicht gerade im Mittelpunkt standen, zeigte sich noch Jahrzehnte später: 2019 musste der erste geplante Außeneinsatz mit zwei Astronautinnen auf der ISS verschoben werden, weil es nicht genug passende Raumanzüge für Frauen gab. Ein peinlicher, aber leider typischer Vorfall. Frauen werden im Design immer wieder vergessen. Crashtest-Dummys zum Beispiel orientierten sich jahrzehntelang nur an männlicher Anatomie. Mit der Folge, dass Frauen bei Autounfällen ein deutlich höheres Verletzungs- und Todesrisiko haben. Auch Medikamente wurden lange Zeit fast ausschließlich an männlichen Probanden getestet, was bei Frauen zu stärkeren Nebenwirkungen führte. Auch in der Raumfahrt wurden Frauen lange Zeit übersehen. Dabei hätten Frauen für Missionen ins All sogar klare Vorteile: Sie sind im Schnitt kleiner und leichter, brauchen weniger Nahrung und verbrauchen weniger Sauerstoff. Und wenn jedes Kilogramm, das wir ins All schicken, aktuell rund 12.000 Euro kostet, zählt wirklich jedes eingesparte Kilo.

Die Artemis-Mission der NASA macht jedoch Hoffnung und rückt Frauen stärker ins Zentrum. Schon auf Artemis I wurden die Auswirkungen der Strahlenbelastung auf den weiblichen Körper untersucht, mithilfe zweier mit Sensoren ausgestatteter Puppen, den Lunatwins. Bei Artemis II wird mit *Christina Hammock Koch* erstmals eine Frau zum Mond fliegen. Koch hält schon jetzt den Rekord für den längsten Weltraumaufenthalt einer Frau: 328 Tage am Stück. Wer schließlich als erste Frau tatsächlich den Mond betreten wird, steht noch nicht fest. Geplant ist, dass bei Artemis III eine Frau und eine Person of Color auf der Oberfläche landen. Ob dieses Ziel auch unter den Diversity-feindlichen Richtlinien der Trump-Regierung umzusetzen ist, bleibt abzuwarten. Doch es wäre ein hoffnungsvolles Signal für all jene Gruppen, die die NASA viel zu lange übersehen hat.

Weitere Pionierinnen der Raumfahrt

Mae Jemison (NASA, USA)

- Erste Schwarze Frau im All (1992, Space Shuttle Endeavour)
- Ärztin und Ingenieurin, setzte sich stark für Bildung und Diversität ein
- Hatte sogar einen Gastauftritt in *Star Trek: The Next Generation*

Samantha Cristoforetti (ESA, Italien)

- Erste italienische Astronautin im All (2014)
- Hielt zeitweise den Rekord für den längsten Raumflug einer Frau (199 Tage)
- Erste europäische Frau als Kommandantin der ISS (2022)

Der Mensch im All – Die wichtigsten Stationen

1961 Erster Mensch im All – Juri Gagarin

1963 Erste Frau im All – Walentina Tereschkowa

1969 Erste bemannte Mondlandung – Neil Armstrong und Buzz Aldrin

1971 Erste Raumstation in der Erdumlaufbahn – Saljut 1 (Sowjetunion)

1998 Bau und Bezug der modularen Raumstation ISS (USA, ESA, Russland, Kanada, Japan)

2003 Erster bemannter chinesischer Raumflug mit dem Raumschiff Shenzhou

2011 Erste chinesische Raumstation – Tiangong 1

2021 Erste komplett private bemannte Mission (Inspiration4 von SpaceX)

2022 Artemis 1 – Erste Mission des neuen NASA-Mondprogramms startet (noch unbemannt)

Sternfarben

Jana
Was würdet ihr sagen, welche Farbe die Sonne hat?

Eva
Hmm, klingt nach einer Fangfrage! Aber natürlich eigentlich: gelb.

Jana
Ja, stimmt auch. Zumindest auf gewisse Weise. Man könnte aber auch argumentieren, dass die Sonne rot ist. Oder sogar grün.

Elka
Was, grün? Ich hab mal gehört, es gibt keine grünen Sterne.

Jana
Auch wieder richtig! Stell dir mal vor, alles wäre tagsüber in grünes Licht getaucht.

Eva
Neee, danke!

Jana
Aber es gibt wirklich Planeten da draußen, die kreisen um Sterne, die sehen ganz anders aus als die Sonne. Tiefrote Sterne, orange, weiße oder sogar blaue! Das Universum ist eben ... bunt!

Die Frage »Welche Farbe hat die Sonne?« scheint eine ganz einfache Antwort zu haben. Gelb natürlich! Und welche Farbe haben die Sterne am Nachthimmel? Da erhält man schon unterschiedliche Antworten. Weiß. Oder vielleicht doch manchmal eher rötlich? Vielleicht orange? Oder ist das doch gelb? Es ist natürlich auch schwer zu sehen, sie sind ja so furchtbar klein. Die Wahrheit ist, am Nachthimmel präsentiert sich uns eigentlich eine ganze Farbpalette. Denn so unterschiedlich Sterne sind, so unterschiedlich sind auch ihre Farben. Und anhand ihrer Farben können wir eine ganze Menge über sie erfahren. Wie ein Stern geboren wurde, wie viel Masse er hat, wie er den Hauptteil seines Lebens verbringt und sogar wie er sterben wird: alles eine Frage der Farbe.

Buntes Sternenlicht

Wenn wir uns noch einmal in das imaginäre Raumschiff begeben und ein wenig Stern-Sightseeing machen, dann wird sofort klar, wie bunt die Welt der Sterne eigentlich ist. Wenn man Sternen nahesteht und aus praktischen Gründen sämtliche Gefahren, die von intensiver Strahlung oder zu Erblindung führender Helligkeit ausgehen, ignoriert, sieht man, wie dynamisch sie in Wirklichkeit sind. Das sind nicht einfach glatte und gleißend helle Bälle, sondern es gibt Strömung darauf, Wellen und Blasen. Ihre Ränder sind unscharf, manchmal sogar gar nicht wirklich definierbar, Fetzen des Materials erheben sich über die Oberfläche, bilden Bögen und schnüren sich manchmal sogar ganz ab und verschwinden im All. Sterne sind keine Feuerbälle und sie bestehen auch nicht aus Lava, obwohl das oft die Vorstellung ist. Brennen können sie überhaupt nicht, dafür braucht es nämlich große Mengen Sauerstoff, die es so im All nicht gibt. Aber woraus bestehen sie dann? Diese Frage stellten sich Wissenschaftler*innen jahrhundertelang. Die Antwort wirkte zunächst so bizarr, dass es eine ganze Weile dauerte, bis sie akzeptiert wurde.

Bevor wir uns dieser Antwort widmen, sehen wir uns mithilfe unseres fantastischen Raumschiffs ein paar Sterne aus der Nähe an. Da gibt es natürlich die Sonne, die für unsere Augen gelblich leuchtet. Bei genauerem Hinsehen erkennt man feine rötliche Strukturen, die wie Schaumkronen im Meer über die unruhige Oberfläche unseres Heimatsterns strömen. Hier und da finden sich auch dunkle Flecken darauf, die sogenannten »Sonnenflecken«. Kleine Stellen, die etwas kühler sind als der Rest, stets nur temporär vorhanden und immer in Bewegung. Wenn wir etwa acht Lichtjahre weiterreisen, dann gelangen wir zu Sirius, dem mit Abstand hellsten Stern unseres irdischen Nachthimmels. Er ist recht gewaltig, sein Radius ist 1,7-mal so groß wie der unserer Sonne. Aber es ist nicht nur die Größe, die sie voneinander unterscheidet. Sirius leuchtet nicht gelb, sondern weißlich-blau. Sein Rand ist noch verwaschener, seine Oberfläche zeigt ein feines Muster aus helleren und dunkleren Bereichen. Natürlich müsste man hier, in der Nähe von Sirius, im fantastischen Raumschiff besonders stark auf Sicherheit achten. Bei zu wenig Abstand von blau-weißen Riesensternen verdampft oder verbrennt man. Man müsste die Leuchtkraft durch besondere Filter in den Beobachtungsdecks herunterdrehen, sonst erkennt man nämlich gar nichts, nur gleißende Helligkeit. Nach so einem gewaltigen Vertreter der Sterne brauchen unsere Sinne etwas Beruhigung, also fliegen wir weiter, bis wir bei Barnards Pfeilstern angekommen sind. Der ist etwa sechs Lichtjahre von der Sonne entfernt und könnte kaum unterschiedlicher sein – als Sirius, aber auch als die Sonne. Barnards Pfeilstern ist ein sogenannter »Roter Zwerg«. Er ist ein Stern, aber kaum größer als Jupiter und seine Farbe ist weder gelb noch weiß oder blau, sondern tiefrot. Sein Radius ist nicht mal ein Fünftel des Sonnenradius, er leuchtet so schwach, dass man ihn trotz seiner vergleichsweise großen Nähe zur Sonne am irdischen Nachthimmel mit bloßem Auge nicht erkennen kann. Hier brauchen wir keine speziellen Blenden wie bei Sirius, der kleine Stern glimmt nur leicht vor sich hin. Seine Oberfläche wirkt granuliert, kompakt und dunkel glühend wie Holzkohle in einem ausgehenden Feuer.

Auf unserem Reiseplan steht noch ein weiterer roter Stern, aber dieser ist ganz anders als Barnards Pfeilstern. Wir machen uns auf, gut 600 Lichtjahre durch die Dunkelheit, bis wir bei Beteigeuze angekommen sind, dem Stern der linken Schulter im Sternbild Orion. Das Bild, das sich jetzt vor uns auftut, ist praktisch mit nichts zu vergleichen. Beteigeuze ist so gewaltig, dass er, an der Stelle der Sonne stehend, Jupiter auf seiner Bahn in über 771 Millionen Kilometer Entfernung verschlingen würde. Seine Leuchtkraft ist das 55.000-Fache der Sonne, seine Farbe ist rot. Aber er wirkt nicht kompakt wie Barnards Pfeilstern, sondern aufgedunsen, fast luftig, und es ist schwer, einen wirklichen Rand zu definieren. Der Stern scheint lose Schichten zu haben, die um ihn herum wabern. Tief in seinem Inneren rumort etwas, man kann Schocks und Beben erkennen, die durch ihn hindurchwandern, gewaltige Blasen blubbern aus dem Kern hervor. Wieso hat ein solcher Stern dieselbe Farbe wie ein winziger Zwergstern? Was verbindet die beiden miteinander? Rein äußerlich, bis auf die Farbe, eigentlich nichts. Um die Antwort auf die Frage zu finden, weshalb gewisse Sterne gewisse Farben haben, brauchte es Jahrhunderte der Forschung, Durchbrüche, hitzige Diskussionen und ein tiefes Verständnis über die Natur des Lichts.

Die Geheimnisse des Regenbogens

Die wissenschaftliche Betrachtung von Farben begann so richtig mit dem Wissenschaftler und Begründer der ersten Theorie der Gravitation, Isaac Newton, in den 1660er Jahren. Zumindest was den Zusammenhang von Licht, also auch Sternenlicht, mit Farbe betrifft. Früher hatten die alten Griechen etwa bereits bestimmte Farben mit bestimmten Elementen in Verbindung gebracht, aber das hatte wenig mit dem Himmel und den Objekten darin zu tun. Man erkannte damals zwar schon, dass gewisse Sterne am Nachthimmel rötlicher oder bläulicher wirken, aber man brachte das nicht in einen wissenschaftlichen Zusammenhang. Isaac Newton konnte im 17. Jahrhundert zeigen, dass weißes Licht aus vielen Farben zusammengesetzt ist, indem er Sonnenlicht durch ein Prisma führte. Der weiße Strahl spaltete sich auf in einen Regenbogen: violett, blau, grün, gelb und rot. Diese Bandbreite kennt man heute als das »sichtbare Spektrum«. Die Reihenfolge der Farben ist dabei von besonderer Bedeutung. Denn genau das zeichnet ein Spektrum aus: die Aufteilung des Lichtes nach seiner Wellenlänge. Licht ist eine elektromagnetische Welle. Das bedeutet, es hat eine Wellenlänge. Bei Wasserwellen im Meer hat man es mit Wellenlängen von vielleicht ein paar Metern zu tun, gemessen vom höchsten Punkt einer Welle zum höchsten Punkt der nächsten. Beim Licht sind es Milli- bis Nanometer. Und die Wellenlänge ist es, die entscheidet, ob und in welcher Farbe wir bestimmtes Licht wahrnehmen.

Violettes und blaues Licht hat die kürzeste Wellenlänge, die menschliche Augen gerade noch wahrnehmen können. Grünes Licht hat etwas größere Wellenlängen, gelbes noch längere, und die längste für uns wahrnehmbare Wellenlänge hat rotes Licht. Violettes Licht mit etwa 350 Nanometer Wellenlänge und rotes Licht mit etwa 750 Nanometer Wellenlänge sind also die Grenzen des für Menschen sichtbaren Spektrums. Aber natürlich gibt es Licht beziehungsweise elektromagnetische Wellen mit noch kürzeren oder noch längeren Wellenlängen. Knapp außerhalb unserer Möglichkeit der Wahrnehmung ist am unteren Ende der Wellenlänge das passend benannte »ultraviolette« Licht (bekannt zum Beispiel durch die »UV«-Strahlung der Sonne) und am oberen Ende das ebenso passend benannte »infrarote« Licht (bekannt zum Beispiel durch Infrarotlampen). Das können wir Menschen nicht sehen. Bienen, Wespen oder Schmetterlinge sind hingegen in der Lage, ultraviolettes Licht zu erkennen, sehen dafür aber kein Rot. Rote Blüten wirken für sie eher dunkel oder sogar schwarz. Gewisse Käferarten, wie beispielsweise der Feuerkäfer, können Infrarotlicht wahrnehmen und sind so in der Lage, Waldbrände aus großer Entfernung zu erkennen. Dafür sind sie im bläulichen Bereich aber fast blind.

Das gesamte Spektrum der elektromagnetischen Strahlung, von dem für uns sichtbares Licht eben ein Teilbereich ist, geht aber noch viel weiter als nur von Ultraviolett bis Infrarot. Noch kürzere Wellenlängen als ultraviolettes Licht hat Röntgenstrahlung, die wir aus dem medizinischen Bereich kennen, mit 0,01 bis 10 Nanometer Wellenlänge. Darunter liegt als äußerster Rand die Gammastrahlung mit Wellenlängen kleiner als 0,01 Nanometer. Solche Strahlung entsteht beispielsweise beim radioaktiven Zerfall gewisser Elemente. Auf der anderen Seite kommt nach der Infrarotstrahlung, die Wellenlängen zwischen 750 Nanometer und 1 Millimeter hat, der Mikrowellenbereich (ja, genau deswegen heißt das Küchengerät so!) mit 1 Millimeter bis 1 Meter Wellenlänge. Das Maximum im langwelligen Bereich bildet die Radiostrahlung, die von uns unter anderem als Überträgerwelle für Radioprogramme genutzt wird, mit Wellenlängen über 1 Meter. Die besonderen Vorteile und erstaunlichen Signale, die wir auf diesen Frequenzen empfangen haben, werden im Kapitel »Botschaften von Aliens« näher beleuchtet. All diese Strahlung ist nicht viel anders als das, was wir als »Licht« bezeichnen, unsere Augen können sie nur nicht wahrnehmen, sie bleibt unsichtbar für uns Menschen. Diese Aufteilung anhand der Wellenlänge ist auch gleichzeitig eine Aufteilung anhand der Energie. Je kürzer die Wellenlänge, desto höher die Energie der Strahlung. Bei kurzen Wellenlängen gibt es mehr »Schwingungen«, also Wellenberge und -täler, pro Sekunde. Das ist der Grund, weshalb man Menschen nicht ständig röntgen soll oder sich zum Schutz vor der Strahlung der Sonne, die unter anderem die hochenergetische UV-Strahlung beinhaltet, eincremt. Elektromagnetische Strahlung, die mit hoher Energie auf den Körper trifft, kann Zellen zerstören und Mutationen hervorrufen. Das kann zu Krebserkrankungen führen oder sogar akute Strahlenschäden bei hoher Dosis hervorrufen, wie gerötete Haut, Haarausfall oder Übelkeit. Ein Sonnenbrand ist nichts anderes als eine Strahlungsverbrennung, sogar eine ziemlich akute.

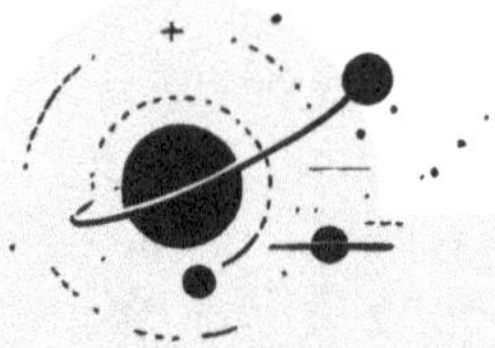

Das elektromagnetische Spektrum

Bereich	Wellen-länge (ca.)	Typische Quellen	Beispiele Anwendungs-bereiche
Radio-wellen	> 1 m	Radiosender, kosmische Blitze	Rundfunk, Radio-kommunikation, Radar
Mikro-wellen	1 m – 1 mm	Kosmischer Mikrowellen-hintergrund, interstellares Gas	Mikrowellenherde, WLAN
Infrarot-strahlung	1 mm – 700 nm	Warme Gegen-stände, Glüh-lampen	Wärmebildkameras, Fernbedienung
Sichtba-res Licht	700 nm – 400 nm	Sonne, Feuer, Lampen	Sehen, Fotografie, Laser
Ultra-violett-strahlung	400 nm – 10 nm	Sonne, Schwarzlicht-lampen	Sonnenbrand, Des-infektion, Nagellack aushärten
Röntgen-strahlung	10 nm – 0,01 nm	radioaktive Zer-fälle, kosmische Strahlung	Medizinische Bild-gebung, industrielle Inspektion
Gamma-strahlung	< 0,01 nm	Supernovae, radioaktive Zerfälle	Krebsbehandlung, Sterilisation von Medizinprodukten, Lebensmitteln und Kosmetika

Der Fingerabdruck im Licht

Die Farbe des Lichts ist also eine Frage der Wellenlänge beziehungsweise der Energie. Im frühen 19. Jahrhundert interessierte sich auch die Astronomie für Farben, vor allem im Zusammenhang mit Sternen. Es begann mit einem jungen Wissenschaftler, der zu dieser Zeit in München tätig war. Joseph von Fraunhofer beschäftigte sich – wie Newton zuvor – mit dem Spektrum des Sonnenlichts, das man durch ein Prisma sichtbar machen kann. Er erkannte im Regenbogen des aufgespaltenen weißen Lichts unseres Heimatsterns allerdings etwas Eigenartiges: Feine schwarze Linien waren darin zu sehen, scheinbar wahllos hineingestreut, über sämtliche Farben verteilt. Fraunhofer sollte die Erklärung dieser Linien tragischerweise nicht mehr miterleben, da er bereits 1826 mit nur 39 Jahren verstarb. Erst in den 1850ern gelang es den beiden Chemikern Gustav Kirchhoff und Robert Bunsen (der vom Bunsenbrenner) endlich, die richtige Erklärung für die mysteriösen schwarzen Linien im Spektrum der Sonne zu finden. Sie erkannten sie nämlich als »Absorptionslinien«: Wenn elektromagnetische Strahlung durch ein Material hindurchläuft, können Elektronen oder andere Teilchen darin ganz bestimmte Energiemengen aufnehmen. Wie Stufen auf einer Leiter, auf die man nur in festen Höhen steigen kann. Trifft Licht mit genau passender Energie auf, wird es von dem entsprechenden Teilchen »geschluckt«, und diese Farbe, also Energie, fehlt im Spektrum des Lichts. Man erkannte so die unglaublich nützliche Eigenschaft der Natur, dass man anhand des geschluckten Lichts genau sagen kann, welches Element in dem Material enthalten sein muss, durch das die Strahlung hindurchging.

Neutraler Wasserstoff beispielsweise absorbiert elektromagnetische Strahlung bei genau 121,6 Nanometer. Das ist im UV-Bereich. Sieht man also in einem Spektrum eine dunkle Linie bei genau 121,6 Nanometer, dann weiß man: Das Licht ist durch Wasserstoff gegangen! Jedes Element und Molekül hat so seinen ganz eigenen spektralen »Fingerabdruck«. Natrium absorbiert, also »schluckt«, im sichtbaren gelben Bereich bei 589 und 589,6 Nanometer, Wasser hinterlässt schwarze Linien im Nahinfraroten bei 940 und 1130Nanometer und Helium erkennt man an der fehlenden Wellenlänge von 58,4 Nanometer im ultravioletten Bereich. Die schwarzen Linien, die Fraunhofer im Sonnenspektrum entdeckte, gehören unter anderem zu Wasserstoff, Natrium, Calcium, diversen Kohlenwasserstoffverbindungen, Magnesium, Aluminium und sogar Eisen. Wann begegnete das Sonnenlicht all diesen Elementen? Manchen davon auf dem Weg zwischen Sonne und Erde, manchen davon erst in der Erdatmosphäre. Das ist aber der geringste Teil. Die meisten dieser Absorptionslinien entstehen viel früher. Es sind die Bausteine der Sonne selbst. Das empfangene Licht der Sonne entweicht aus ihrer Photosphäre, also der dünnen, sichtbaren Schicht an der Oberfläche. Dort und in den darüberliegenden Lagen, wie der Chromosphäre, absorbieren Atome und Ionen bestimmte Wellenlängen und hinterlassen ihre charakteristischen Fingerabdrücke im Spektrum. Wir finden darin die Spuren von Wasserstoff, aber auch von schwereren Elementen, wie zum Beispiel Aluminium oder Eisen. Man konnte dank der Linien im Spektrum also bereits Mitte des 19. Jahrhunderts Aussagen darüber machen, welche Elemente generell in der Sonne enthalten sind, aber nicht, wie viel davon. Man vermutete schlicht, dass die Stärke, also die Ausprägung der Linien, direkt mit der vorhandenen Menge zusammenhängt. Je stärker die Spektrallinie, desto mehr sei von einem gewissen Element enthalten, so die Überlegung. Noch lange Zeit dachte man, die Sonne sowie die anderen Sterne seien generell ähnlich zusammengesetzt wie die Erde oder Asteroiden. Dieser Irrtum sollte erst gut 75 Jahre später berichtigt werden, von einer Frau, deren Erkenntnisse so radikal wirkten, dass ihre Arbeit nur mit beschwichtigenden Randnotizen veröffentlicht werden konnte.

Die Ordnung der Sterne

Nachdem klar war, dass im Spektrum von Licht wertvolle Informationen verborgen sind, wurden Teleskope mit sogenannten »Spektrographen« ausgerüstet. Dabei handelt es sich, vereinfacht gesagt, um ein Prisma und eine Fotoplatte, wo die dunklen Linien im Regenbogen des aufgespaltenen Lichts festgehalten werden können. Anstatt eines Abbilds des Alls erhält man so die Fingerabdrücke der Elemente, die dem Licht bei seiner Reise zur Erde begegnet sind. Bald wurde nicht nur die Strahlung der Sonne in ihre Farben zerlegt, sondern das Licht tausender Sterne, die oft ganz andere Muster der Verteilung der dunklen Linien zeigten als die Sonne. Was bedeutet das? Es kann doch nur eines heißen: In unterschiedlichen Sternen sind unterschiedliche Elemente vorhanden. Manche tragen mehr »schwere« Elemente wie Eisen, aber auch Kohlenstoff oder Sauerstoff. Andere weisen starke Wasserstofflinien auf, wieder andere nur sehr schwache. Man konnte sich aber überhaupt nicht erklären, woher diese unterschiedliche chemische Zusammensetzung kommen könnte. Hier tauchte zum ersten Mal die Verbindung zu den Farben der Sterne auf. Wie bereits die alten Griechen wusste man auch im 19. Jahrhundert, dass es Sterne unterschiedlicher Farben gibt. Mit bloßem Auge kann man die rötliche Färbung von Beteigeuze, dem Stern der linken Schulter des Sternbilds Orion, oder den bläulichen Stich von Sirius im Großen Hund erkennen. Mit Teleskopen konnte man dank der sogenannten »Photometrie« sogar messen, wie stark ein Stern in welcher Farbe leuchtet, da man unterschiedliche Filter, die nur ganz bestimmte Wellenlängen und somit ganz bestimmte Farben hindurchlassen, zur Verfügung hatte. So erscheint ein roter Stern in einem blauen Filter deutlich dunkler als in einem roten Filter.

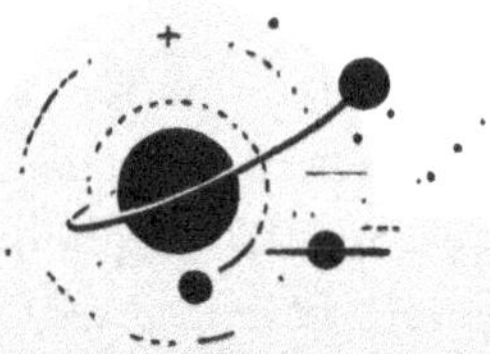

Was ist Photometrie?

Photometrie ist die Wissenschaft und Technik, mit der die Helligkeit von Lichtquellen, wie zum Beispiel Sternen oder Galaxien, gemessen wird, basierend auf der Möglichkeit der menschlichen Wahrnehmung. Dabei wird berücksichtigt, dass unser Auge für verschiedene Wellenlängen unterschiedlich empfindlich ist: Grünes Licht wirkt für uns heller als gleich starkes rotes oder blaues Licht. Photometrische Messwerte sind immer an die »Empfindlichkeitskurve« des menschlichen Sehens angepasst. Oft meint man mit »Photometrie« auch wirklich ausschließlich die Messung von elektromagnetischer Strahlung im sichtbaren Bereich, also von violetten bis roten Wellenlängen. Gelegentlich bezieht man aber auch die angrenzenden Bereiche, ultraviolett und infrarot, mit ein.

Die Kombination der Photometrie und Spektroskopie zeigte deutlich: Sternfarben und die Verteilung der Linien im Spektrum hängen zusammen: Blaue Sterne zeigen andere Linien-Sets als rote, die wiederum andere als gelbe und so weiter. Der Fall schien gelöst. Die Farben der Sterne hängen von der Zusammensetzung ihrer Elemente ab! Wieso gewisse Kombinationen von Elementen gewisse Farben hervorrufen, das war zwar noch unklar, aber man war sich sicher, dass auch diese Erkenntnis nur eine Frage der Zeit sei. Auf Basis dieser neuen Errungenschaft der Astrophysik begann man, Sterne zu klassifizieren, und zwar anhand ihrer Farben und passenden chemischen Zusammensetzungen. Das war mühsame Handarbeit. Die Spektren hunderttausender Sterne, gebannt auf Fotoplatten, wurden per Hand ausgewertet. Dieses Projekt machte später die größtenteils weiblichen »Harvard Computers« bekannt, die im Kapitel »Frauen, die nach den Sternen greifen« bereits vorgestellt wurden. Vor der Entwicklung moderner »Computer« – also den Maschinen, die wir heute überall um uns herum haben, auf dem Schreibtisch bis in Form von Handys in unserer Hosentasche – hatte man Ende des 19. Jahrhunderts keine andere Wahl, als das »computing«, also das Rechnen und Auswerten, selbst zu übernehmen. Edward Pickering leitete das Klassifizierungsprojekt in Harvard, wo man Sterne zunächst grob nach der Stärke bestimmter Linien ordnete.

Auch Annie Jump Cannon wurde im Kapitel »Frauen, die nach den Sternen greifen« bereits erwähnt. Sie war eine besonders fähige und innovative Rechnerin und Astronomin unter den Harvard Computers. Tag und Nacht arbeitete sie, analysierte mehr Sterne per Hand als je ein Mensch vor oder nach ihr und entwickelte schließlich das Klassifizierungssystem, das heute noch für viele Astronom*innen ein zentraler

Bestandteil ihrer Arbeit ist. Die erste Klassifikation von Pickering und Williamina Fleming nutzte für die Bezeichnung der unterschiedlichen Klassen Buchstaben von A bis O, alphabetisch sortiert, die grob nach der Wasserstofflinien-Stärke gegliedert waren. Später merkte man, dass manche Buchstaben für fast identische Spektren standen, andere waren schlicht überflüssig, weil sie in der neuen Ordnung keinen klaren Platz mehr hatten. Jump Cannon sortierte die Spektren anhand der Form und Stärke der Linien schließlich so um, dass ähnliche Spektren direkt nebeneinanderlagen. Dabei fielen viele Buchstaben einfach weg, und übrig blieb die merkwürdige, nicht-alphabetische, aber noch heute genutzte Reihenfolge: O B A F G K M. Um sich diese leichter zu merken, gibt es diverse Sprüche. Am bekanntesten ist wahrscheinlich »Oh Be A Fine Girl/Guy Kiss Me«. Mir gefällt aber auch eine deutschsprachige Version besonders gut: »Offenbar Benutzen Astronomen Furchtbar Gern Komische Merksprüche«.

Egal, wie man sich die Buchstaben merkt, wichtig ist, dass es O-Sterne, B-Sterne, F-Sterne und so weiter gibt. Man kann die Reihenfolge der Sternklassen auch als Farbspektrum verstehen: O-Sterne sind violett bis blau, B-Sterne sind blau mit weißlichem Schimmer, A-Sterne sind weiß mit bläulichem Schimmer, F-Sterne sind weiß mit gelblichem Schimmer, G-Sterne sind gelb, K-Sterne sind orange und M-Sterne sind schließlich rot. Die Sonne gehört aufgrund der Stärke und Form ihrer Spektrallinien zu den G-Sternen. Der Grundstein für das wichtigste Klassifizierungssystem für Sterne, das noch heute ein absoluter Standard für Astronomie überall auf der Welt ist, war gelegt. Inzwischen ist es bekannt als das »Harvard-System«, was als ein weiteres Beispiel für die vielen Übergehungen wegweisender Frauen in der Astronomie gewertet werden kann. Eigentlich müsste diese Klassifizierung nämlich »Jump-Cannon-System«, nach seiner Gründerin und effektivsten Zuordnerin, heißen.

Der Stoff der Sterne

Zu Beginn des 20. Jahrhunderts waren die Sterne also endlich in ein ordentliches System verpackt worden. Es gab eine klare Reihenfolge und fast jeder Stern konnte eindeutig zugeordnet werden. Trotzdem blieben manche Fragen weiterhin offen: Warum verursachen die unterschiedlichen Elemente diese unterschiedlichen Farben? Und stimmt es wirklich, dass stärkere Absorptionslinien größere Mengen des zugehörigen Elements bedeuten? Wenn man sich an einer Frage die Zähne ausbeißt und über Jahrzehnte keine Antwort gefunden wird, dann muss man sich irgendwann der Möglichkeit stellen, dass die Frage vielleicht schlicht die falsche ist. Genau das tat zu Beginn der 20er Jahre eine junge Astronomin: *Cecilia Payne*. In ihrer Doktorarbeit am Radcliffe College, was zur Harvard-Universität gehörte, analysierte sie Sterne nicht anhand der Linienmuster ihrer Spektren, sondern stellte physikalische Überlegungen zu ihrem inneren Aufbau an. Sie versuchte nicht, herauszufinden, wie die scheinbar unterschiedliche elementare Zusammensetzung unterschiedliche Farben verursacht, sondern begann sozusagen von vorne. Die ganze Physik lag zu dieser Zeit im Umbruch, die Quantentheorie war gerade vorgestellt worden, überall sprossen neue Erklärungen und Erkenntnisse empor. Cecilia Payne erkannte, dass die Stärke der Spektrallinien nicht einfach zeigt, wie viel von einem Element in einem Stern vorhanden ist. Entscheidend ist vielmehr, wie viele Atome gerade in der

Lage sind, Licht einer bestimmten Farbe aufzunehmen. Das wiederum hängt stark von der Temperatur ab. Bei hoher Hitze verlieren Atome oft Elektronen aus ihrer Hülle. Das bezeichnet man als »Ionisation«. Sie verursachen dann andere Absorptionslinien, als wenn sie noch alle Elektronen bei sich tragen. Eine Linie kann also schwach wirken, obwohl das betreffende Element in großer Menge vorhanden ist. Einfach deshalb, weil die meisten Atome ionisiert sind und bei anderen Wellenlängen absorbieren. Umgekehrt gilt dasselbe.

Payne folgerte daraus: Sterne unterscheiden sich nicht grundlegend in ihrer chemischen Zusammensetzung. Sie bestehen alle überwiegend aus denselben Elementen. Was sie wirklich unterscheidet, ist ihre Temperatur. Sie nutzte die Spektrallinien, um die Oberflächentemperaturen abzuschätzen. Damit zeigte sich, dass Annie Jump Cannons Klassifikationssystem im Kern eine Temperaturreihe ist: O-Sterne sind mit über 30.000 Kelvin extrem heiß, G-Sterne wie die Sonne haben rund 6.000 Kelvin, und M-Sterne leuchten mit unter 3.500 Kelvin am kühlsten. Diese Werte ließen Cecilia Payne stutzen. Bei solchen Bedingungen, egal ob 30.000 oder 3.500 Kelvin, sollten fast alle Wasserstoffatome ihre Elektronen verloren haben. Trotzdem zeigen alle Spektren deutliche Linien von neutralem Wasserstoff. Sie konnte daraus nur eine einzige Schlussfolgerung ziehen: Diese Linien repräsentieren nur einen winzigen Bruchteil des tatsächlich vorhandenen Wasserstoffs. Es muss also unglaublich viel Wasserstoff in Sternen geben, und zwar so viel, dass es sich mit Abstand um ihren Hauptbestandteil handeln muss. Spannenderweise gibt es noch ein zweites Element, das aufgrund der herrschenden Temperaturen eigentlich nicht so stark im Spektrum vertreten sein sollte: Helium. In diesem Fall ist es aber umgekehrt als beim Wasserstoff. Die Sterntemperaturen sind eigentlich in

Anbetracht der Stärke der Linien zu kalt. Auch Helium muss es also in großen Mengen in Sternen geben. Nicht so viel wie Wasserstoff, aber definitiv an zweiter Stelle. Es gibt Linien anderer Elemente, das ist richtig, aber die Stärke dieser Linien sagt eben nicht unbedingt etwas darüber aus, wie viel des Elements wirklich in den Sternen vorhanden ist. Sie dürften, nach Cecilia Paynes Überlegungen, nur in geringen Mengen vorkommen, praktisch als Spuren, in einem gewaltigen Übermaß an Wasserstoff und etwas Helium. Die Farbe der Sterne ist somit eine Folge ihrer Oberflächentemperatur, nicht ihrer chemischen Zusammensetzung.

Diese Schlussfolgerungen waren so radikal, dass Henry Norris Russell, damals die führende Autorität für Stellarphysik, ihr riet, »vorsichtig zu formulieren«, um die Fachwelt nicht zu provozieren. Sie gab ihre Arbeit tatsächlich mit dem Vermerk ab, dass diese Erkenntnisse »höchstwahrscheinlich falsch« seien. Aber Cecilia Payne hatte voll ins Schwarze getroffen. In den 1930er Jahren herrschte bald kein Zweifel mehr: Sterne sind gigantische Kugeln aus heißem Wasserstoffgas, etwas durchmischt mit Helium und Spuren anderer, schwererer Elemente. Sie gleichen keineswegs der Zusammensetzung der Erde. Die scheinbar unterschiedliche chemische Zusammensetzung, also die unterschiedlichen Linien-Sets, sind zum allergrößten Teil temperaturbedingt. Die Harvard-Klassifizierung von Annie Jump Cannon, die unter dem Eindruck entstand, man unterscheide hier Sterne unterschiedlicher Substanz, ist in Wahrheit schlicht eine Klassifizierung anhand der Temperatur, die direkt für die Farbe verantwortlich ist. Und das kann man gut verstehen: Hohe Temperatur bedeutet hohe Energien und das wiederum, wie eingangs erwähnt, bedeutet kurze Wellenlängen, also blaues Licht. Eine niedrigere Temperatur hingegen bedeutet niedrigere Energien und längere Wellenlängen, also rotes Licht. Das widerspricht zwar unserem kulturellen Verständnis, wo Rot normalerweise für »heiß« und Blau für »kalt« steht, aber elektromagnetisch gesehen ist es nur logisch. Unsere Sonne ist ein mittelmäßig heißer Stern und strahlt damit überwiegend gelb für unsere Augen. Tatsächlich liegt das Maximum ihrer Strahlung im grünen Bereich des Spektrums. Trotzdem erscheint die Sonne für uns gelblich, weil das Sonnenlicht aus allen sichtbaren Farben gemischt wird. Das Grün wird zusammen mit den roten, orangen und blauen Anteilen so kombiniert, dass unser Auge die Sonne als gelb wahrnimmt. Außerdem streut die Erdatmosphäre besonders das blaue Licht, wodurch die Sonne am Himmel noch wärmer und gelblicher erscheint.

Beteigeuze, der Riesenstern, den wir mit unserem fantastischen Raumschiff zu Beginn des Kapitels besuchten, leuchtet genauso rot wie Barnards Pfeilstern, der deutlich kleiner und dunkler ist. Heute wissen wir auch, warum. Sie beide haben vergleichsweise kühle Oberflächen. Bei Beteigeuze kommt das dadurch, dass er sich stark aufgebläht hat, seine äußeren Schichten von sich abwirft und diese so abkühlen. Barnards Pfeilstern hat hingegen einfach wenig Masse, was die Energiefreisetzung im Inneren beschränkt. Er glüht somit recht beständig, aber nur schwach vor sich hin. Zwei Sterne, wie sie unterschiedlicher kaum sein könnten. Aber beide eben »kühl« und somit beide rot.

Übrigens ist es meistens durchaus so, dass blaue, also heiße, Sterne besonders groß sind und rote, also kühle, Sterne besonders klein. Mehr Masse bedeutet nämlich gewöhnlicherweise mehr Energieerzeugung im Inneren. Aber das gilt nur, solange Sterne nicht gerade entstanden sind oder kurz vor ihrem Tod stehen. Für solche, wie beispielsweise den sterbenden Beteigeuze, wurde die Harvard-Klassifizierung später erweitert. So gehört Beteigeuze zwar, wie Barnards Pfeilstern, zu den M-Sternen, ist aber ein Teil der »Überriesen«-Unterklasse.

Die Vielfalt der Sternfarben zeigt, wie unterschiedlich Sterne in Temperatur, Größe oder Entwicklungsstadium sein können. Doch trotz dieser Unterschiede bleibt ihr Grundstoff weitgehend gleich: überwiegend Wasserstoff und Helium. Ob ein Stern also heiß und blau oder kühl und rot erscheint, die gleichen Bausteine formen immer wieder neue Lichtgeschichten am Himmel und erzählen uns etwas über die grundlegende Chemie des Universums.

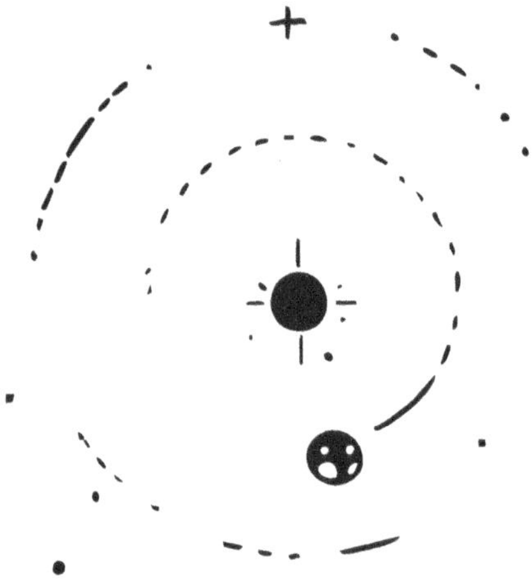

Botschaften von Aliens

Eva
Bei all den Sternen, von denen du gerade erzählt hast, Jana, muss man sich ja zwangsläufig fragen, ob es da draußen auch irgendwo Aliens gibt, oder?

Elka
Ja, das frag ich mich auch. Aber die melden sich ja nicht bei uns.

Jana
Na, wer weiß. Es gibt ja jede Menge Leute, die behaupten, sie hätten schon Kontakt mit Außerirdischen gehabt.

Eva
Aber das, was die erzählen, ist dann doch eher ein wenig unwissenschaftlicher …

Elka
Haha, ja, da hast du Recht.

Jana
Aber man kann auch nicht ausschließen, dass sich irgendwelche Aliens doch mal bei uns melden, wenn es sie gibt.

Eva
Klar, möglich ist es. Aber sagt mal: Wie würdet ihr euch denn eine Botschaft von Aliens vorstellen?

In der Mikrowelle beginnen die Maiskörner im Abstand von einigen Sekunden zu poppen und der angenehme Geruch von frisch zubereitetem Popcorn erfüllt die Wohnung. Elka läuft noch schnell ins Schlafzimmer, um ihre Kuscheldecke zu holen, während Jana die Schüssel für das Popcorn bereitstellt. Elka macht es sich auf der Couch schon mal mit ihrer flauschigen Decke bequem, schaltet den Fernseher ein und ruft mich zur Eile, denn die Sendung beginnt gleich. Der Vorspann unserer Lieblingsserie läuft bereits, als wir drei es uns auf der Couch gemütlich machen. Aber statt der vertrauten Intromusik beginnt das Bild zu flackern, friert für einen Moment ein und erlischt dann ganz. Noch bevor eine von uns reagieren kann, erscheint ein graues Flimmern, in das sich ein dunkelgraues Muster mischt, das langsam Form annimmt. Zu unserem Erstaunen formt sich aus den grauen Punkten ein Gesicht, aber es ist kein menschlicher Kopf, Stirn und Augen sind viel zu groß. Ohne dass das seltsame Wesen seinen geradezu lächerlich kleinen Mund öffnet, hören wir, wie es zu uns spricht, und aus dem Fernsehgerät ertönt unter lautem Knacken und Rauschen die eindeutige Botschaft: »Wir kommen in Frieden.«

Stellen wir uns so Signale von Außerirdischen vor? In der Welt der Science-Fiction sprechen Aliens meistens unmissverständlich, und wenn sie uns eine Botschaft zukommen lassen, dann merken wir das auch. Alles andere würde die üblichen Kinofilme auch unnötig kompliziert machen. Denn die Wirklichkeit sieht anders aus. Noch haben uns zwar keine Aliens kontaktiert, aber wenn sie es irgendwann einmal tun sollten, wissen wir zumindest ungefähr, wie das ablaufen könnte. Wir können zum Beispiel davon ausgehen, dass wir eher keine Bilder und Stimmen über den Fernsehapparat empfangen. Wenn eine Botschaft eintrifft, dann könnte sie eher so aussehen:

6EQUJ5

Nein, meine Finger sind gerade nicht auf der Tastatur ausgerutscht. Diese Abfolge von Buchstaben und Zahlen sind bis heute der spannendste Hinweis darauf, dass wir nicht allein im Universum sind. Die kryptischen Zeichen wirken auf den ersten Blick nicht hilfreich, aber wenn dieses Kapitel zu Ende ist, wirst du nicht nur verstehen, was die Symbole bedeuten, sondern genauso enorm begeistert von ihnen sein wie wir. Versprochen!

Kosmische Radioprogramme

Diese abstrakte und scheinbar willkürliche Folge aus Zahlen und Buchstaben beschreibt ein Radiosignal, das wir aus dem Weltall empfangen haben und das heute »Wow!-Signal« genannt wird. Aber warum ist es »Wow!« und wieso soll es sich um eine Botschaft von Aliens handeln und nicht einfach nur um Kauderwelsch?

Um diese Fragen zu beantworten, begeben wir uns ins Jahr 1977 auf das Gelände der Ohio Wesleyan University in den USA und werfen einen genauen Blick auf einen speziellen Bereich der Astronomie, die Radioastronomie. Seit bereits über zwölf Jahren befindet sich dort das »Big Ear« genannte Radioteleskop, das den Himmel nach kosmischen breitbandigen Radioquellen durchsucht.

Gemessen daran, wie lange die Menschheit bereits den Blick gen Himmel richtet und mittels optischer Teleskope das Weltall erforscht, steckt die Radioastronomie damals (und genau genommen auch noch heute) in den Kinderschuhen. Diese junge Disziplin bietet eine neue Methode, Himmelsobjekte durch das Empfangen und Messen von Radiowellen zu untersuchen. Und damit ist ganz explizit nicht gemeint, dass wir darauf hoffen, irgendein außerirdisches Radioprogramm zu empfangen. Wir sind nicht auf der Suche nach den »Besten Hits der Milchstraße«, sondern nach natürlicher, langwelliger elektromagnetischer Strahlung, die von allen möglichen Himmelskörpern und astronomischen Phänomenen erzeugt und ausgesandt wird. Sterne wie unsere Sonne leuchten, weil sie Strahlung produzieren, die unsere Augen sehen können. Sie produzieren aber auch Strahlung, die unsichtbar für uns ist, und dazu gehört auch die Radiostrahlung. Wir verwenden Radiowellen, um Informationen durch die Gegend zu funken und Radioprogramme zu übertragen. Aber sie kann auch ganz natürlich entstehen und ist mittlerweile eine unverzichtbare Informationsquelle für die Astronomie geworden.

Die Radioteleskope des Observatoriums in Ohio waren mit ihrer Größe von über 100 Metern markante Merkmale in der Landschaft. So groß müssen sie auch sein, wenn man damit sinnvoll wissenschaftlich arbeiten will.

Die Qualität eines Teleskops kann durch seine Winkelauflösung beschrieben werden. Damit meint man die Fähigkeit, zwei vom Betrachter weit entfernte Objekte noch als getrennt wahrzunehmen. Je größer die Wellenlänge der Strahlung ist, die man beobachten will, desto größer muss auch das Teleskop sein, um noch eine gute Auflösung zu gewährleisten. Für die langwellige Radiostrahlung heißt das also, dass man sehr viel größere Teleskope bauen muss. Hier erscheint die Radioastronomie der optischen zunächst unterlegen. Allerdings kann in der Radioastronomie ein »Trick« angewendet werden, der eine regelrechte Superkraft entfesselt! Denn Radioteleskope können zusammengeschaltet werden, sodass sie wie ein gigantisches einziges Radioteleskop wirken. Mit dieser »Interferometrie« genannten Technik können sogar Teleskope auf unterschiedlichen Kontinenten zusammengelegt werden, die dann zur gleichen Zeit das gleiche Objekt in der gleichen Wellenlänge beobachten. Auf diese Art und Weise gelang beispielsweise das erste »Bild« eines Schwarzen Lochs. Die dabei beteiligten Instrumente standen unter anderem in den USA, in der Antarktis, in Europa und in Asien. Das virtuelle Teleskop, das sie zusammen gebildet haben, hatte einen Durchmesser, der so groß wie die gesamte Erde war! Nur so war es möglich, das riesige Schwarze Loch im Zentrum der 55 Millionen Lichtjahre entfernten Galaxie Messier 87 zu beobachten. Obwohl es kein richtiges »Bild« war, das man im Jahr 2019 gemacht hat. Denn Schwarze Löcher sind per Definition unsichtbar, weil aus ihrer unmittelbaren Umgebung nichts und damit auch kein Licht entkommen kann. Aber wenn das Schwarze Loch von interstellarem Gas und Staub umgeben ist, wird dieses Material durch die enorme Gravitationskraft stark beschleunigt und dadurch aufgeheizt. Gas und Staub beginnen zu leuchten und das nicht nur im für unsere Augen sichtbaren Licht, sondern auch dem unsichtbaren Licht der Radiowellen. Diese im Radiolicht hell leuchtenden Wolken rund um riesige Schwarze Löcher haben wir auch schon vor 2019 beobachtet. Aber erst das erdgroße virtuelle Radioteleskop hatte ein ausreichend großes Auflösungsvermögen, um die dunkle Region inmitten des Lichts sichtbar zu machen. Um ein Bild zu erhalten, das wir mit unseren Augen betrachten können, wurden die Radiodaten entsprechend dargestellt und eingefärbt. Wir haben ein virtuelles Teleskop benutzt, um unsichtbare Strahlung zu beobachten und ein unsichtbares Objekt sichtbar zu machen! Man kann nicht anders, als von der Radioastronomie begeistert zu sein. Ein weiterer Aspekt macht die Radioastronomie so besonders, denn mit ihr können nicht nur Nachteulen forschen. Es können auch tagsüber und bei bewölktem Himmel Beobachtungen durchgeführt werden. Regnen sollte es allerdings nicht, denn dann werden die Radiowellen aus dem All von den Wassermolekülen in der Luft gestört.

Nicht aufgehalten werden die Radiowellen hingegen, wenn sie intergalaktische Staubwolken passieren, im Gegensatz zu optischem Licht. Mit Radioteleskopen werden ansonsten undurchsichtige Regionen im All auf einmal transparent und wir können sehen, was sich in und hinter den Wolken verbirgt. Das macht Radioastronomie zu einem kraftvollen Werkzeug in unserem astronomischen Werkzeugkasten und ermöglicht uns die Erforschung von interstellaren Gaswolken, dem galaktischen Zentrum, den Überresten von Supernova-Explosionen und vieler anderer spannender Phänomene, die uns sonst verschlossen geblieben wären.

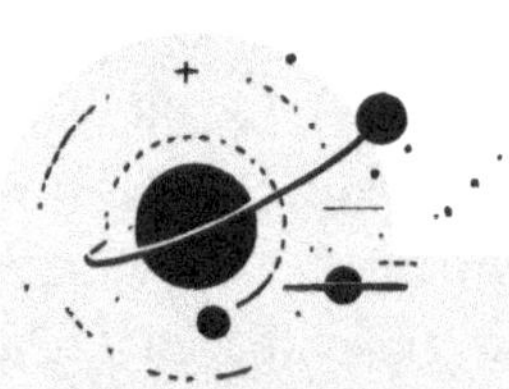

Natürliche Radioquellen im Kosmos

Wir finden im Weltall jede Menge natürliche Radioquellen, also astronomische Objekte, die so starke Radiowellen aussenden, dass wir sie detektieren können. Sterne, Galaxien, Schwarze Löcher, unsere galaktische Heimat, die Milchstraße, und selbst Planeten wie Jupiter senden Radiowellen aus. Wir empfangen auch starke Radiosignale der Sonne, die uns Aufschluss darüber geben, wie aktiv sie gerade ist.

Auch die Überreste von Supernovae-Explosionen sind eine Quelle natürlicher Radiostrahlung. Eine Supernova beschreibt die Explosion eines Sterns am Ende seiner Sternentwicklung. War der Stern besonders massereich, hinterlässt er danach ein Schwarzes Loch oder einen Neutronenstern. Neutronensterne sind extrem kompakte astronomische Objekte, die hauptsächlich aus ungeladenen Neutronen bestehen. Obwohl sie (für Sterne) mit einem Durchmesser von nur zehn bis zwölf Kilometern sehr klein sind, haben sie mehr Masse als die Sonne (die einen Durchmesser von eineinhalb Millionen Kilometern hat).

Wenn Neutronensterne sehr schnell rotieren, senden sie regelmäßige Radiosignale aus, weswegen sie Pulsare (pulsating stars) genannt werden. Die Signale der Pulsare sind so regelmäßig, dass man bei ihrer Entdeckung im Jahr 1967 zunächst kurz in Erwägung zog, es könnte sich um eine außerirdische Zivilisation handeln. Über ihre Entdeckerin Jocelyn Bell Burnell hat Elka bereits im Kapitel »Frauen, die nach den Sternen greifen« geschrieben.

Eine weitere starke Radioquelle sind die aktiven Kerne weit entfernter Galaxien, wo riesige Schwarze Löcher interstellares Gas und Staub aufheizen. Ihr Signal erscheint konzentriert und klein, weswegen man sie ursprünglich für so etwas Ähnliches wie Sterne gehalten hat – dabei war es ihre unglaubliche Entfernung von mehr als zehn Milliarden Lichtjahren, die sie so klein erscheinen haben lassen! Dieser Irrtum brachte ihnen allerdings den Namen Quasar ein, also »quasi-stellare« Objekte.

Schließlich sollen hier noch die Sternentstehungsregionen als weitere natürliche Quelle genannt werden. In diesen Molekülwolken aus Staub und Gas bilden sich Sterne. Wir können dort nur mittels Radioteleskopen Zeugen ihrer Geburt sein.

Aber jetzt geht es wieder zurück zu den Aliens, denn die Radioastronomie wird auch für die Suche nach außerirdischen Intelligenzen eingesetzt. Dass das »Wow!-Signal« im Jahr 1977 mit dem Big-Ear-Teleskop registriert wurde, war nicht ganz purer Zufall. Die Anlage war schon seit 1973 Teil von SETI, der »Search for Extraterrestrial Intelligence«, also der Suche nach außerirdischer Intelligenz. Dieses internationale Projekt wurde 1960 ins Leben gerufen, um das Weltall systematisch nach Alien-Zivilisationen zu durchsuchen. Als Ziel der Suche stellte man sich eine intelligente Lebensform vor, die nicht nur technisch so weit entwickelt ist, dass sie in der Lage ist, derartige Signale zu senden, sondern auch ähnliche Technologien und Kommunikationssysteme nutzt wie wir auf der Erde. Diese Annahme kann man natürlich zu Recht kritisieren, denn nur weil wir zum Beispiel per Radiosignalen kommunizieren, müssen das irgendwelche Aliens noch lange nicht machen. Aber irgendwas müssen wir annehmen, also hat man sich auf das konzentriert, was wir zumindest selbst gut verstehen.

Einer der bekanntesten Mitbegründer von SETI ist der US-amerikanische Astronom Carl Sagan. In den frühen 1980er Jahren wurde er weltweit durch die TV-Serie *Cosmos* bekannt, in der er die Zusehenden auf eine faszinierende Reise durch das Sonnensystem und das Universum mitnahm. Einige werden ihn wegen seines Romans *Contact* kennen, der ein Jahr nach seinem

Tod im Jahr 1996 von Robert Zemeckis mit Jodie Foster in der Hauptrolle verfilmt wurde. Im Buch wie auch im Film geht es um die Entdeckung und Entzifferung eines außerirdischen Signals und in Folge um einen Erstkontakt zwischen Menschen und Außerirdischen.

Die Idee, dass Wesen aus einer fremden Welt mit uns in Kontakt treten wollen und wir nicht allein im Weltall sind, kam aber nicht erst in den wilden 60er Jahren auf – wilde Ideen dazu gab es auch davor. Bereits 1909 wollte der US-amerikanische Astronom David Todd mit einem Forschungsballon auf die Jagd nach Signalen vom Mars gehen – hatte damit aber keinen Erfolg. In den 1920er Jahren dachte der Physiker, Nobelpreisträger und Pionier der Radio- und Funktechnik Guglielmo Marconi, er hätte eine Botschaft vom Mars empfangen. Und auch der Erfinder Nikola Tesla behauptete, um die Jahrhundertwende Nachrichten von unserem Nachbarplaneten erhalten zu haben. Beide konnten ihre Vermutungen jedoch nicht beweisen. Heute geht man davon aus, dass sie natürliche Radiosignale falsch interpretiert oder sich die Signale einfach nur eingebildet haben. Damals gab es sogar Vorschläge, gigantische, brennende geometrische Muster auf der Erdoberfläche zu erzeugen, um die Aufmerksamkeit der Marsbewohner zu erregen. Heute erscheinen uns solche Versuche der Kontaktaufnahme mit dem Mars geradezu kurios, aber damals wusste man es eben nicht besser.

Dass man sich im 19. Jahrhundert vor allem auf die Suche nach Marsmenschen konzentrierte, liegt daran, dass damals noch wenig über das Universum und unser Sonnensystem bekannt war. Ganz besonders wenig wusste man über die Bewohnbarkeit der anderen Planeten in unserer Nachbarschaft. Dass die Venus zum Beispiel kein Dschungelparadies ist, wie im 19. und Anfang des 20. Jahrhunderts noch angenommen, sondern ein geradezu höllischer Planet mit über 400 °C, stand erst zweifelsfrei fest, als 1962 die Mariner-2-Sonde daran vorbeiflog. Unser nächster Nachbar, der Mars, galt ebenfalls lange als Kandidat für einen bewohnten Planeten. Er hat eine erkennbare Oberflächenstruktur und die hellen Polkappen sind ein Hinweis auf Eis, also Wasser, und damit auch auf potenzielles Leben. Hinzu kam die Entdeckung der »Marskanäle«: Feine Linien auf der Marsoberfläche, die Astronomen im 19. Jahrhundert gesehen haben wollten. Noch Anfang des 20. Jahrhunderts wurden sie von einigen Forschenden als künstlich angelegte Kanäle interpretiert – mittlerweile wissen wir aber zweifelsfrei, dass es diese Strukturen auf dem Mars nicht gibt und es sich um optische Täuschungen gehandelt hat beziehungsweise um technisch bedingte Effekte, die durch die Teleskope selbst hervorgerufen wurden. Auch hier brachte erst der Besuch irdischer Marssonden die Gewissheit, dass der Mars kalt, trocken und nicht lebensfreundlich ist.

Aber nicht alle Gedanken von früher sind aus heutiger Sicht überholt. Der deutsche Mathematiker Carl Friedrich Gauß schlug zum Beispiel schon in den 1820er Jahren Mathematik und geometrische Muster als passende Sprache für die Kommunikation mit Außerirdischen vor. Die Mathematik gilt als universell und unabhängig von Sprache und Kultur. Dasselbe gilt für physikalische Naturkonstanten wie die Lichtgeschwindigkeit oder die Emissionslinien der Wasserstoffatome (was das genau ist, erfährst du gleich im folgenden Info-Kasten). Wenn die Aliens ebenfalls das Universum erforschen, müssen sie zu vergleichbaren Erkenntnissen gekommen sein wie wir. Davon ist man auch ausgegangen, als man SETI ins Leben gerufen und sich auf die Suche nach Radiosignalen konzentriert hat.

Wie sehen Aliensignale aus?

Um zu wissen, ob das »Wow!-Signal« eine Botschaft von Aliens ist, müssen wir uns zuerst Gedanken darüber machen, wie sie ein derartiges Signal überhaupt senden würden.

Einige gute Gründe sprechen dafür, dass sie das mit Radiowellen tun würden. Es braucht wenig Energie, um sie ins All zu schicken, und es gibt jede Menge einfache Methoden, um Radiostrahlung zu erzeugen. Auf ihrem Weg durchs All wird sie nicht durch den interstellaren Staub aufgehalten und man kann ein künstliches Signal leicht von natürlichen Quellen unterscheiden. Objekte wie Pulsare oder Quasare sind breitbandig, strahlen also in vielen verschiedenen Frequenzen. Wenn man ein künstliches Signal erzeugt, wird man sich dagegen nur auf eine einzige Frequenz beschränken, also ein schmalbandiges Signal erzeugen.

Wir haben sogar eine gute Idee, um welche Frequenz es sich dabei handeln könnte. Es wäre plausibel, wenn die Aliens bei 1420 Megahertz senden, also mit Wellen, die eine Wellenlänge von 21 Zentimetern haben. Genau das ist nämlich die sogenannte »Wasserstofflinie«. Der italienische Physiker Giuseppe Cocconi und sein amerikanischer Kollege Philip Morrison haben im Jahr 1959 einen Fachartikel mit dem eindeutigen Titel *Searching for Interstellar Communications*[6] verfasst. Darin argumentieren sie, dass die 21-cm-Linie eine einmalige und universelle Standard-Frequenz ist, die jedem Beobachter im Universum bekannt sein dürfte. Somit sollten auch Aliens, wenn sie eine fortschrittliche Zivilisation haben, die über Radiotechnik verfügt, darüber Bescheid wissen und dieses Fenster zu einer möglichen Kommunikation mit einer ihr fremden Spezies nutzen. Die Wahrscheinlichkeit, entdeckt zu werden, ist hier schlicht am höchsten.

Die Wasserstofflinie HI

Die 21-cm-Strahlung entsteht beim sogenannten »Spin-Flip« des neutralen Wasserstoffatoms. Wasserstoff ist das einfachste Atom, das es geben kann. Es besteht lediglich aus einem positiv geladenen Proton im Kern und einem negativ geladenen Elektron in seiner Hülle. Beide besitzen eine quantenmechanische Eigenschaft, die man »Spin« nennt und die man sich als Eigendrehimpuls vorstellen kann (obwohl es in Wahrheit nichts mit der Drehung von irgendwelchen Teilchen zu tun hat). Die Spins von Proton und Elektron können nun in dieselbe Richtung zeigen, also parallel sein, oder entgegengesetzt, in einem antiparallelen Zustand sein. Beim parallelen Spin hat das Atom einen leicht höheren Energiezustand. Wenn ein Atom sich spontan von einem parallelen in einen antiparallelen Zustand umorientiert, wird eine ganz bestimmte Menge an Energie frei (Radiostrahlung bei einer Frequenz von 1420 MHz beziehungsweise einer Wellenlänge von 21 cm).

Dieses spontane Umorientieren kommt extrem selten vor, aber da es so enorm viele Wasserstoffmoleküle im Universum gibt, sind zu jeder Zeit jede Menge davon dabei, genau das zu tun und entsprechend Strahlung auszusenden. Wir können sie aus allen Richtungen empfangen, denn Wasserstoff ist das häufigste Element im Kosmos und überall zu finden. Aber nicht nur wegen seiner Häufigkeit ist der neutrale Wasserstoff von so großer Bedeutung für die Astronomie. Ich habe zuvor schon erwähnt, dass optisches (sichtbares) Licht auf seiner Reise durch das All von Staubwolken geschluckt (also absorbiert) wird und daher von uns nicht mehr erfasst werden kann. Radiostrahlung hingegen durchdringt diese Hindernisse. Durch die Messung der 21-cm-Linie konnten wir erstmals die Milchstraße kartieren und wissen nur dadurch sicher, wie unsere galaktische Heimat aussieht.

Durch weitere Berechnungen und die Analyse sogenannter Rotationskurven können auch die Bewegungen von Galaxien untersucht werden. Diese geben einen wichtigen Aufschluss über die immer noch nicht verstandene Dunkle Materie. Die 21-cm-Linie gewährt uns sogar Einblicke in das ganz frühe Universum, eine Epoche kurz nach dem Urknall, als es noch keine Sterne gab.

Ein schmalbandiges Signal, im Radiowellenbereich, mit einer Frequenz von 1420 MHz – das müssen die ersten Punkte auf unserer Checkliste sein, wenn wir sicherstellen wollen, dass wir eine außerirdische Grußbotschaft nicht mit einem Schwarzen Loch beim Mittagessen verwechseln. Ein Signal mit solchen Eigenschaften lohnt einen weiteren Blick.

Mit diesem Wissen gehen wir jetzt wieder zurück ins Jahr 1977 und zum Big-Ear-Radio-Teleskop in Ohio. Obwohl es seit 1973 am SETI-Projekt beteiligt war, blieb das wissenschaftliche Personal nicht vor Einsparungen verschont, und viele wurden aufgrund von Geldmangel entlassen. Einige von ihnen, wie der Astrophysiker Jerry Ehman, arbeiteten jedoch ehrenamtlich weiter. Er war unter anderem für die Software zuständig, welche die Daten des Teleskops auswertete, und sah sich die Ergebnisse immer noch regelmäßig an.

Genau das tut er auch im August 1977. Er sitzt abends in der Küche, über die automatisch erstellten Computerausdrucke gebeugt, und liest die aufgezeichneten Signale. Das Teleskop misst alle 12 Sekunden die Stärke der Radiowellen, die auf seine Antenne treffen. Ist das Signal nicht stärker als das allgegenwärtige Hintergrundrauschen, wird auf dem Computerausdruck nur ein Leerzeichen ausgegeben. Ist es stärker, dann wird die Intensität mit Zahlen von 1 bis 9 gekennzeichnet. Für noch stärkere Signale werden Großbuchstaben von A bis Z verwendet. Ehman sieht auf seinem Ausdruck, wie immer, jede Menge Leerstellen und sehr oft die Ziffern »1« und »2« – wieder einmal eine durchschnittliche Beobachtung.

Ich war damals nicht dabei, aber ich stelle mir vor, dass es danach so weitergegangen ist: Jerrys Blick schweift weiter, als ihm plötzlich ein Buchstabe ins Auge springt, es folgt ein weiterer, und noch einer. Jerry kann es kaum glauben! Er traut seinen Augen nicht. Aufgeregt greift er zu einem roten Stift, seine Hand zittert vor Aufregung, als er die Zeichenfolge einkringelt. Er hält einen Moment inne, blickt noch einmal fassungslos auf die Symbole und schreibt schließlich daneben nur ein Wort:

Wow!

So ist der Name des Signals entstanden – aber war es wirklich so toll? Die Antwort ist ein eindeutiges »Ja!«, gerne ebenfalls mit Rotstift und Ausrufezeichen!

In jener denkwürdigen Nacht am 15. August 1977 empfängt das Teleskop zuerst unauffällige, gewöhnliche Signale, und wenn jemand live dabei zusehen würde, wäre es vermutlich sehr langweilig. Plötzlich jedoch trifft völlig unangekündigt ein Signal der Stärke 6 ein. Bei der nächsten Messung, 12 Sekunden später, ist es bereits über die Zahlenskala hinausgeschossen auf die Stärke E, danach wächst es auf Q und schließlich auf U, also fast bis zum Maximum der Skala bei Z. So schnell das Signal angestiegen ist, so schnell sinkt es danach aber über die Werte J und 5 wieder hinab auf das Level des Hintergrundrauschens. Nach 75 Sekunden ist der »Spuk« vorbei und hinterlässt uns und einem beeindruckten Jerry die Signatur

6EQUJ5

Der Empfang so eines Signals ist in etwa so, als würde man durch eine stille, friedliche Nacht spazieren und plötzlich, wie aus dem Nichts, mit einer gewaltigen Lautstärke angeschrien werden. Das »Wow!-Signal« war dreißig Mal stärker als das Hintergrundrauschen – so etwas hatte man in der Form bis jetzt noch nie gemessen. Aber wie »Wow!« war das Signal denn nun wirklich? Erfüllt es die Punkte auf der Aliensignal-Checkliste?

Wow! oder nicht *Wow!?*

Da man am Big-Ear-Observatorium als Teil von SETI nach Alien-Signalen suchte, konzentrierte man sich dabei natürlich auf die Wasserstofflinie. Das Signal ist also tatsächlich genau auf der Frequenz empfangen worden, die wir von Aliens erwarten würden. Allein das ist schon ein Grund für Gänsehaut. Wir haben also ein schmalbandiges Radiosignal bei 1420 MHz – aber das allein reicht leider noch nicht, um seinen außerirdischen Ursprung zu bestätigen. Kann es nicht auch sein, dass irgendwer auf der Erde zufällig auf dieser Frequenz herumgefunkt hat? Nein, denn dieser Frequenzbereich ist der Radioastronomie vorbehalten und durch ein internationales Abkommen gesperrt. Das ist aber nicht der einzige Grund, der uns sagt, dass das »Wow!-Signal« nicht von der Erde kommen kann.

Die Signalstärke ist enorm schnell angestiegen und dann wieder schnell gesunken. Wir haben es nur 72 Sekunden lang empfangen, und das spricht ebenfalls dafür, dass es von außerhalb unseres Sonnensystems gekommen ist. Wie lange ein Signal registriert werden kann, hängt einerseits natürlich davon ab, wie lange es gesendet wird. Andererseits aber auch von seiner Entfernung. Handelt es sich um eine Quelle in großer Distanz, zum Beispiel bei einem anderen Stern, dann wird sie sich aus unserer Sicht nicht großartig bewegen. Sie wird, wie die anderen Sterne, scheinbar über den Himmel wandern, während die Erde sich um ihre Achse dreht. Das Teleskop am Big Ear konnte nicht nachgeführt werden, das heißt, es hat einfach nach oben geschaut und das registriert, was sich gerade über den Empfangsbereich hinweg dreht. Der Zeitraum, in dem eine Quelle außerhalb des Sonnensystems durch die Erdrotation für das Teleskop sichtbar ist, beträgt 72 Sekunden – also exakt so lange, wie man das »Wow!-Signal« messen konnte.

Die Gänsehaut wird stärker: Haben wir hier also wirklich die Botschaft einer weit entfernten extraterrestrischen Zivilisation erhalten? Bis jetzt sind alle Punkte auf der Checkliste erfüllt – aber es gibt leider auch einige Gründe, die uns skeptisch machen. Zum Beispiel, dass das Signal nur einmal empfangen wurde. Natürlich hat man in den Tagen nach dem 15. August 1977 immer wieder danach gesucht, aber jedes Mal erfolglos. Man hat es nur dieses eine Mal gesehen. Wenn da aber wirklich auf dem Planeten eines fremden Sterns ein Alien-Sender steht, hätte die Erdrotation das Teleskop alle 24 Stunden in den Empfangsbereich drehen müssen. Vielleicht haben die Aliens ihre Botschaft auch nur ein einziges Mal gesendet, aber dann wäre es ein absurder Zufall, dass das Big-Ear-Teleskop gerade im richtigen Moment in die richtige Richtung geschaut hat.

Man konnte auch bis heute die Herkunft des Signals nicht zweifelsfrei zuordnen. Erst 2022 fand man einen sonnenähnlichen Stern in Richtung des Sternbilds Schütze, der genau in der Region des Himmels steht, aus der das »Wow!-Signal« gekommen sein muss. Ob dieser Stern aber auch einen Planeten hat, auf dem Leben existiert, wissen wir nicht. Ebenso wenig können wir mit den Daten aus dem Jahr 1977 herausfinden, ob das Radiosignal irgendeine Botschaft beinhaltet. Man konnte nur seine Stärke messen – aber da man die nur alle 12 Sekunden aufgezeichnet hat, hat man nicht genug Daten, um irgendwelche Modulationen zu erkennen, durch die vielleicht eine konkrete Botschaft im Signal verschlüsselt wurde.

Das »Wow!-Signal« konnte fünfzig Jahre nach seiner Entdeckung immer noch nicht vollständig erklärt werden. Weder konnte es eindeutig als Alien-Botschaft identifiziert noch einem natürlichen Phänomen zugeordnet werden. Selbst heute beschäftigt sich die Wissenschaft noch damit, aber ob es nach fünf Jahrzehnten seine Geheimnisse preisgeben wird, bleibt offen. Bis jetzt ist es jedoch das einzige astronomische Phänomen, bei dem sogar die Wissenschaft eine außerirdische Intelligenz als plausiblen Ursprung anerkennt. Wenn wir eine echte Radiobotschaft von Aliens empfangen würden, dann würde sie so aussehen wie das »Wow!-Signal«. Es wäre halt nur schön gewesen, wenn wir im Jahr 1977 technisch ein bisschen besser ausgestattet gewesen wären. Dann müssten wir heute vielleicht nicht mehr darüber rätseln, ob uns da wirklich Aliens kontaktiert haben oder nicht. Aber wenn wir Glück haben, melden sie sich ja noch ein weiteres Mal. Dann können wir unsere besseren Instrumente verwenden, um die Nachricht zu entschlüsseln. Mit dem Big-Ear-Teleskop wird es sowieso nicht mehr gehen. 1998 wurde es abmontiert und an seiner Stelle ein Golfplatz gebaut. Vielleicht haben die Aliens das ja mitbekommen und sind deswegen jetzt beleidigt. Oder sie hatten etwas völlig anderes im Sinn, als wir denken. Denn nur wenige Stunden, nachdem das »Wow!-Signal« bei uns eingetroffen ist, ist Elvis Presley gestorben. Aber wir wissen natürlich alle, dass der King immer noch lebt. Er hat damals offensichtlich eine wichtige Nachricht von seinem Heimatplaneten bekommen und musste zurück nach Hause.

Elvis has left the building.

Seltsame Objekte

Jana
Fürchtet ihr euch eigentlich vor Mathematik?
Eva
Fürchten nicht, aber vor einer Prüfung bringt es mich oft zur Verzweiflung!
Jana
Haha! Das kommt mir bekannt vor!
Eva
Dabei ist Mathe eigentlich toll! Wenn man es mal verstanden hat, kann man damit echt coole Sachen anstellen!
Elka
Die in meinem Informatikstudium war ganz okay ... aber die theoretische Mathematik im Physikstudium ... der Stoff, aus dem Albträume sind!
Jana
Fair! Aber man kann sich auch noch auf ganz andere Art vor ihr fürchten ...
Eva
Gruselige Matheprofessoren?
Jana
Ha! Auch. Aber es gibt auch Monster, die springen uns aus Gleichungen an.

In der Astronomie begegnet man andauernd sehr eigenartigen Wahrheiten. Seit tausenden Jahren werden wir immer wieder aufs Neue überrascht, wenn wir in den Kosmos blicken. Unsere astronomische Kuriositäten-Sammlung wächst stetig weiter und die Aussage »Es gibt nichts, was es nicht gibt« scheint sich wieder und wieder zu bestätigen. In diesem Kapitel möchte ich ein paar dieser Kuriositäten vorstellen und genauer beleuchten. Alle Objekte, die ich gleich vorstellen werde, entsprangen ursprünglich der Theorie. Es handelt sich also nicht um Beobachtungen, die eingeordnet werden müssen, sondern um Mathematik und Physik, Formeln auf einem Papier. Aus Gleichungen, Logik und Notwendigkeit ergibt sich manchmal die ein oder andere Konsequenz, die zu den seltsamsten Objekten führt, die irgendwo oder vielleicht vor langer Zeit im Universum ihr Dasein fristeten. Eine gesunde Skepsis ist in jedem Fall vonnöten, vor allem, wenn ein direkter Nachweis für diese Objekte fehlt. Aber ich erinnere an dieser Stelle gerne an die Geschichte der Schwarzen Löcher.

Die Monster aus der Gleichung

Schwarze Löcher begegneten uns Menschen zum ersten Mal nicht draußen im All oder auf den Aufnahmen unserer Teleskope. Sie entsprangen, gewissermaßen, einem Blatt Papier. Präziser gesagt, den Einsteinschen Feldgleichungen, die beschreiben, wie die Raumzeit durch die Verteilung von Materie und Energie beeinflusst wird. Schwarze Löcher sind Teil der ersten Lösung, die für diese Gleichungen 1916 von Karl Schwarzschild gefunden wurde. Diese sogenannte Schwarzschild-Metrik beschreibt das Gravitationsfeld um eine kugelförmige Masse unter der Annahme, dass sie weder rotiert noch eine Ladung besitzt und die dunkle Energie vernachlässigt werden kann. Diese Lösung eröffnet im Extremfall allerdings eine seltsame Möglichkeit. Sollte die Ausdehnung einer bestimmten Masse einen bestimmten Radius unterschreiten (den sogenannten Schwarzschild-Radius), dann schafft sie eine Region der Raumzeit, von der nichts, noch nicht einmal mehr Licht, entweichen kann. Diese Grenze nennt man den Ereignishorizont. Wird ein Objekt also über ein gewisses Limit hinweg zusammengepresst, wird das Gravitationsfeld in einem gewissen Abstand so stark, dass Überlichtgeschwindigkeit nötig wäre, also unendlich viel Energie, um ihm wieder zu entkommen. Das ist ein Schwarzes Loch. Der Schwarzschild-Radius hängt direkt von der Masse des Objekts ab. Das bedeutet, dass man für jedes Objekt den Radius definieren kann, auf den es bei gleichbleibender Masse zusammenschrumpfen müsste, um zum Schwarzen Loch zu werden. Der Schwarzschild-Radius der Sonne, die eigentlich einen Radius von knapp 700.000 Kilometern hat, liegt bei etwa drei Kilometern. Würde man die gesamte Masse der Sonne, etwa zwei Quintillionen Kilogramm, auf eine Kugel mit einem Radius von drei Kilometern zusammenpressen, würde sie zum Schwarzen Loch werden. Bei der Erde wäre es nur noch ein Radius von knapp unter neun Millimetern. Das klingt ehrlicherweise völlig absurd. Deshalb glaubte zunächst auch kaum jemand daran, noch nicht einmal Einstein selbst, dass diese seltsamen Artefakte, geboren aus einer mathematischen Möglichkeit, wirklich im All existieren. Die einzige Art und Weise, die man sich vorstellen könnte, wie so viel Masse auf so wenig Raum konzentriert werden könnte, wäre ein kollabierender Stern. Einstein veröffentlichte 1939 noch eine Arbeit, die argumentierte, dass der Zusammenbruch eines Sterns gestoppt werden würde, bevor er seinen Schwarzschild-Radius erreicht, und Schwarze Löcher somit nie entstehen könnten. Doch in den 1950er Jahren ergaben sich immer mehr Zweifel am Zweifel. J. Robert Oppenheimer, der berühmte »Vater der Atombombe«, zeigte, dass gewaltige Sterne sehr wohl unter ihrer eigenen Masse so heftig zusammenbrechen könnten, dass ein Schwarzes Loch entsteht. In den 1970ern folgte der erste direkte Nachweis. Das Objekt mit dem Namen Cygnus X-1 umkreist einen großen blauen Stern, ist selbst praktisch unsichtbar und scheint die Hüllen des Begleitersterns zu sich zu ziehen und zu fressen. Als man die Masse dieses seltsamen Objekts berechnet hatte, war klar: Es muss ein Schwarzes Loch sein. Die Monster aus der Schwarzschild-Metrik existieren wirklich. Seit damals haben wir immer mehr erdrückende Beweise dafür gefunden, dass Schwarze Löcher überall im Universum existieren. Es gibt inzwischen sogar Fotos von ihnen, wie im Kapitel »Frauen, die nach den Sternen greifen« erklärt wird.

Schwarze Löcher sind ein wunderbares Beispiel dafür, wie durch eine absurd wirkende mathematische Möglichkeit eine folgenreiche physikalische Realität erkannt wurde. Besonders in Bereichen und Zeitaltern des Universums, auf die wir nur schlecht Zugriff haben, müssen wir uns mit der Theorie, also den mathematischen Gesetzen und Gleichungen, behelfen. So schafft man es, in Bereiche vorzudringen, wo der Zugang über die gewöhnlichen Wege versperrt ist. Zum Beispiel in den sehr jungen Kosmos, als vor über 13 Milliarden Jahren die ersten Sterne entstanden.

Riesen mit dunklen Herzen

Sterne gibt es schon lange im Universum, weit bevor die Sonne entstand. Aber ganz zu Beginn war das All sternlos. In den ersten Millionen Jahren nach dem Urknall war es schlicht zu heiß. Teilchen zischten wie wild durch die Gegend und wurden von der bei solch hohen Temperaturen dominierenden Strahlung immer wieder auseinandergetrieben. Erst langsam kühlte sich das Universum ab und erlaubte, dass sich das Gas in Klumpen sammeln konnte, die durch ihre wachsende Masse immer mehr Gravitation ausübten und so noch mehr Gas zu sich zogen. Dieses Gas bestand hauptsächlich aus Wasserstoff und zu kleineren Teilen aus Helium, denn das sind die Stoffe, die direkt mit dem Urknall entstanden sind. Schwerere Elemente, wie Sauerstoff, Kohlenstoff oder gar Eisen, gab es noch nicht im jungen Universum. Solche werden erst durch Kernfusion innerhalb von Sternen erschaffen und dafür braucht es folglich vorausgegangene stellare Generationen. Als sich also in den ersten wenigen hundert Millionen Jahren nach dem Urknall die ersten Sterne formten, bestanden sie fast ausschließlich aus reinem Wasserstoff. Diese ersten Sterne waren riesig, teilweise hundertfach größer als die Sonne. Wir nennen sie die Population III. Wenn heute Sterne aus gewaltigen Gaswolken entstehen, agieren die schweren Elemente, also Kohlenstoff, Eisen und so weiter, darin wie kleine Kühlelemente. Schnelle, aufgeheizte Wasserstoffatome stoßen mit ihnen zusammen und bringen sie dazu, schnell zu vibrieren. Dabei verlieren die Wasserstoffatome einen großen Teil ihrer Energie, kühlen also ab, und die getroffenen schweren Elemente geben die Energie der Vibration durch Aussendung von Infrarotstrahlung ab. Diese wandert recht ungehindert durch die Gaswolke nach draußen und entzieht ihr so Energie. Die Gaswolke kühlt ab. Kühleres Gas bricht schneller unter dem eigenen Gewicht zusammen und so bilden sich viele kleinere Klumpen innerhalb der großen Wolke. Viele Sterne entstehen gemeinsam aus einer einzigen Wolke, die Masse des Gases wird unter ihnen aufgeteilt. Aber im frühen Kosmos, ohne die kühlenden schweren Elemente, konnten die heißen Gaswolken erst dann kollabieren, wenn sie enorm riesig waren und die Gravitation der Masse endlich groß genug wurde, um gegen die hohe Energie der heißen Wolke anzukämpfen. Es bildeten sich keine kleineren Fragmente, die gesamte Wolke fiel als Ganzes zusammen und formte anstatt zahlreicher kleinerer Sterne einen gewaltigen Mega-Stern.

Nun ist es denkbar, dass unter diesen gewaltigen Population-III-Sternen solche dabei waren, die noch gewaltiger waren als die anderen. Sterne, die selbst nach dem Einsetzen der Kernfusion im tiefsten Inneren nicht aufhörten, Gas anzusammeln, und so immer weiter wuchsen, bis auf atemberaubende Skalen. Sie könnten bis zu zehntausend Mal mehr Masse getragen haben als die Sonne. Wahre stellare Monster. Solche Sterne existieren heute nicht mehr. Im heutigen Kosmos, der über 13 Milliarden Jahre alt ist, haben Sterne im absoluten Extremfall bis zu 300 Sonnenmassen. Das liegt vor allem an der fortgeschrittenen Kontamination der Gaswolken, aus denen Sterne entstehen. Die schnelle Abkühlung durch die schweren Elemente und die folgliche Fragmentierung der Wolken verhindert die Entstehung von Sternen mit noch mehr Masse. Doch als das Universum noch jung war, konnten solche Monster geboren werden.

Wenn ein Stern auf solche Größenordnungen anwächst, bleibt das nicht ohne Konsequenzen. Es gibt schließlich physikalische Grenzen. Für gewöhnlich besteht in einem Stern ein Gleichgewicht zwischen seiner

Gravitation und seinem Strahlungsdruck. Die Gravitation der eigenen Masse drückt nach innen, während die Strahlung, die durch die Kernfusion entsteht, gleichermaßen nach außen drückt. So bleibt der Stern stabil. Doch bei zehntausend Sonnenmassen und mehr hält das Innere der gewaltigen Gravitation, auch bei noch so schnell laufender Fusion, irgendwann nicht mehr stand. Die Masse im Kern des gewaltigen Mega-Sterns kollabiert. Sie wird so stark wie überhaupt physikalisch möglich zusammengepresst, selbst auf atomarer Ebene ist Widerstand zwecklos, die Elektronen und Protonen werden ineinandergequetscht. Das Innere des Sterns verwandelt sich in ein Schwarzes Loch. In jedem anderen Fall würde dieser Vorgang, dieser Zusammensturz der Materie im Inneren, das Ende des gesamten Objekts bedeuten. Einen solchen Kollaps bezeichnet man bei Sternen heute als »Supernova« und diese gehen mit gewaltigen Explosionen einher, die alles zerreißen. Doch hier ist es anders. Die Hülle des Sterns ist extrem dick. Die Supernova geschieht, doch sie zerfetzt den Mega-Stern nicht. Der Kern frisst sich in einen exotischen Zustand, während die Gasschichten drumherum den Schock der Entstehung absorbieren und bestehen bleiben. Man könnte nun meinen, ein Schwarzes Loch im Kern saugt schlicht sämtliche verbliebene Masse an und verschlingt den Stern in kurzer Zeit. Doch dem ist nicht so. Stattdessen entsteht ein neues Gleichgewicht. Die Gravitation der Masse drückt nach wie vor gnadenlos ins Zentrum, doch dort existiert nun eine neue, mächtige Energiequelle. Das Schwarze Loch im Herzen des gewaltigen Sterns frisst, wie ein Parasit ernährt es sich von seinem Wirt. Unaufhörlich wird durch die Anziehungskraft Gas hineingedrückt und dabei durch die entstehende Reibung stark aufgeheizt. Das verursacht sehr starke Strahlung, die nun erfolgreich gegen die Kraft der Masse ankämpfen kann. Das Schwarze Loch im Inneren ist zur Energiequelle, also, wenn man so will, zum Motor des Sterns geworden. Durch diesen außergewöhnlichen Antrieb und große Masse dehnt sich dieser Stern auf die Größe des gesamten Sonnensystems aus und leuchtet so hell wie eine kleine Galaxie. Dadurch unterscheidet er sich grundlegend von jedem Stern, den wir heute an unserem Nachthimmel glänzen sehen, und natürlich auch von der Sonne. Sie alle halten sich durch Kernfusion am Laufen, nicht durch ein gefräßiges Schwarzes Loch. Deshalb hat man diesem Monster des frühen Universums auch einen anderen Namen gegeben. Es ist nämlich streng genommen gar kein Stern, sondern ein sogenannter »Quasi-Stern«.

Dieser Zustand, ein alles verschlingendes Schwarzes Loch umhüllt von unvorstellbaren Gasmassen, ist nicht lange tragbar. Das Gleichgewicht ist nur von kurzer Dauer. Ein Quasi-Stern dürfte nur etwa sieben bis zehn Millionen Jahre überlebt haben. Mit der Zeit wächst das Schwarze Loch im Inneren schneller, als seine glühende Hülle des hineinfallenden Gases die aufgestaute Energie nach außen tragen kann. Der Stern bläht sich immer weiter auf. Je größer er wird, desto mehr verteilt sich seine Wärme über eine riesige Oberfläche. Die Hülle kühlt ab, bis sie eine kritische Mindesttemperatur erreicht. An diesem Punkt verliert das Gas seine Undurchlässigkeit: Strahlung, die bisher im Inneren gefangen war, bricht plötzlich ungebremst hervor. In einem einzigen Moment zerreißt dieser Ausbruch das fragile Gleichgewicht, und die Hülle stürzt unweigerlich in den Kern. Was übrig bleibt, bezeichnet man heute als »mittelschweres Schwarzes Loch«. Damit beschreibt man Schwarze Löcher mit Massen zwischen einigen hundert bis einigen tausend Sonnenmassen.

Gab es Quasi-Sterne wirklich? Das bleibt ungeklärt. Bisher gibt es keine direkten Beobachtungen.

Teleskope – Fenster in die Vergangenheit

Wenn wir mit einem Teleskop in den Himmel schauen, sehen wir nicht nur weit entfernte Sterne und Galaxien, wir sehen auch in die Vergangenheit. Denn Lichtgeschwindigkeit ist endlich, und so braucht es Zeit, um uns zu erreichen. Das Licht der Sonne ist zum Beispiel etwa 8 Minuten bis zur Erde unterwegs, das nächster Sternensysteme mehrere Jahre. Schauen wir Milliarden Lichtjahre weit ins All, sehen wir Galaxien, wie sie vor Milliarden Jahren ausgesehen haben, als das empfangene Licht ausgesendet wurde. Teleskope sind also auch auf gewisse Art Zeitmaschinen.

Physikalisch sind Quasi-Sterne möglich, aber das bedeutet nicht, dass sie zwingend existieren. Doch es gibt einen ganz bestimmten Grund, weshalb die Geschichte der Quasi-Sterne auch in der astronomischen Forschung so beliebt ist. Wir wissen heute, dass es kaum 700 Millionen Jahre nach dem Urknall bereits sogenannte supermassereiche Schwarze Löcher mit 800 Millionen Sonnenmassen gab. Das ist aber eigentlich zu früh, denn sie müssten aus der Kollision vieler kleinerer Schwarzer Löcher mit nur wenigen Sonnenmassen entstanden sein, die direkt bei den Supernovae größerer Sterne entstehen. Das würde aber Milliarden Jahre dauern, nicht ein paar hundert Millionen. Wie konnten sie so schnell so riesig werden? Hier kommen die Quasi-Sterne ins Spiel. Die »Leichen«, die sie nach ihrem Tod zurücklassen, sind Schwarze Löcher mit deutlich mehr Masse, als ein gewöhnlicher Stern mit einer Supernova hinterlassen kann. Auf diese Weise liefern Quasi-Sterne eine elegante Lösung für das Rätsel: Sie könnten die Keime für die sehr frühen und sehr massereichen Schwarzen Löcher gewesen sein, die wir heute beobachten.

Der Augapfel-Planet

Stell dir vor, im All schwebt ein riesiges Auge. So groß wie ein Planet! Klingt nach LSD-getränkter Science-Fiction? Nicht unbedingt. Die Suche nach Planeten, die um andere Sterne als die Sonne kreisen, ist in den letzten drei Jahrzehnten von einer Nische zu einer aufstrebenden und ergebnisreichen Sparte der Astronomie geworden. Wie genau wir diese sogenannten »Exoplaneten« finden und heute sogar ihre Atmosphären untersuchen können, könnt ihr im Kapitel »Exoplanetenforschung« nachlesen. Besonders erfolgreich sind wir bei der Entdeckung von Planeten um besonders kleine Sterne, da diese durch ihre potenziellen Begleiter stärker beeinflusst werden und so ihre Geheimnisse leichter preisgeben. Das trifft sich gut, denn die kleinste stellare Kategorie, sogenannte Rote Zwerge oder auch M-Zwerge, ist bei Weitem auch die häufigste Sorte Stern innerhalb der Milchstraße. Man geht davon aus, dass 60 bis 75 % aller Sterne unserer Galaxie Rote Zwerge sind. Das wirkt zunächst abwegig, vor allem wenn man beachtet, dass kein einziger der für das menschliche Auge sichtbaren Sterne an unserem Nachthimmel, weder auf der Nord- noch auf der Südhalbkugel, ein Roter Zwerg ist. Trotzdem sind 15 der 20 sonnennächsten Sterne innerhalb von 13 Lichtjahren, inklusive unseres nächsten Nachbars Proxima Centauri, Teil dieser Kategorie. Wieso sehen wir sie dann nicht?

Rote Zwerge sind genau das, wonach sie klingen: Zwergsterne, die rot sind. Sie haben nur 8 bis 60 % der Masse der Sonne und sind im Durchschnitt gut 3.000 Grad Celsius kühler an ihrer Oberfläche. Damit erreichen sie von etwa 7 bis teilweise sogar nur 0,01 % der Leuchtkraft unseres Heimatsterns. Wir sehen sie also trotz ihrer großen Zahl und Nähe zu uns deshalb nicht, weil sie schlicht zu dunkel sind. Ihre große Häufigkeit liegt vor allem an ihren wahnsinnig langen Lebensspannen. Je mehr Masse ein Stern hat, desto stärker drückt die Gravitationskraft von außen auf den Kern und heizt ihn auf. Das führt dazu, dass die Kernfusion, die den Stern antreibt, effizienter läuft, der Treibstoff wird also deutlich schneller aufgebraucht. Sehr massereiche Sterne leben so nur einige Millionen Jahre. Im Mittelfeld können Sterne wie beispielsweise die Sonne ein paar Milliarden Jahre ihren Wasserstoffvorrat im Kern aufrechterhalten. Rote Zwerge hingegen haben so viel Zeit, dass das Universum mit seinem Alter von knapp 14 Milliarden Jahren noch zu jung ist, um auch nur einen einzigen Roten Zwerg in die Knie gezwungen zu haben. Diese Sterne mit ihrer geringen Masse und der langsam laufenden Fusion im Kern können bis zu Billiarden Jahre alt werden, bevor es keinen Wasserstoff im Inneren für die Fusion mehr gibt. Kein einziger Roter Zwerg, der bisher geboren wurde, ist bereits verstorben. Nicht einer. Das klingt grundsätzlich nach tollen Voraussetzungen für Planeten mit Leben darauf in ihrem Orbit! Viel Zeit ist gut, so hat die Evolution gleich mehrere Chancen. Wenn es mal zu einem Massenaussterbeereignis kommt, wie es ja auch auf der Erde mehrmals geschah, hat das Leben immer Zeit, um sich zu erholen. Kleine Sterne mit einer friedlichen Fusionsrate klingen grundsätzlich auch lebensfreundlich, denn sie strahlen zum Beispiel deutlich weniger hochenergetische Strahlung, wie Röntgen- oder Gammastrahlung, ab, die biologisches Gewebe beschädigen, krank machen und zerstören kann. Also, volle Kraft voraus bei der Suche nach Leben um die Sterne, die uns die Entdeckung ihrer Planeten besonders einfach machen?

Es gibt leider einen Haken an der Sache. Bewohnbare Planeten um rote Zwerge dürften sogenannte Augapfel-Planeten sein. Damit ein Planet, nach unserem aktuellen Verständnis, auch nur die Chance auf Leben auf seiner Oberfläche hat, muss er sich in einem bestimmten Abstand zu seinem Stern befinden. Generell wird diese sogenannte »habitable Zone« an der Möglichkeit von flüssigem Wasser auf der Oberfläche, unter Annahme einer erdähnlichen Atmosphäre, festgemacht. Weiter draußen wäre das Wasser zu Eis gefroren, weiter drinnen, näher am Stern, würde es verdampfen. Flüssiges Wasser ist essenziell für Leben, denn es fungiert als Lösungsmittel, in dem sich alle möglichen Elemente und molekularen Bausteine auflösen und transportiert werden können. Die lebensfreundliche Zone um die Sonne beginnt ein kleines Stück näher an ihr dran, als die Erde steht, und reicht bis knapp 40 bis 140 % weiter nach draußen, je nach genauer Definition und den berücksichtigten atmosphärischen Bedingungen, wie einem starken Treibhauseffekt. Die Erde befindet sich selbstverständlich innerhalb dieser Zone, aber auch der Mars könnte je nach Definition knapp an der äußeren Grenze liegen. Seine Atmosphäre ist allerdings viel zu dünn, um flüssige Ozeane und Flüsse aus Wasser auf seiner Oberfläche zu erlauben. Es geht also nicht ausschließlich um den richtigen Abstand, sondern zur Bewohnbarkeit gehört auch die passende Atmosphäre. Bei einem durchschnittlichen roten Zwergstern, der deutlich kühler als die Sonne ist und somit weniger Energie abstrahlt, liegt die habitable Zone logischerweise näher am Stern. Bei einem typischen M-Zwerg befindet sie sich zwischen 3 und 20 % des Abstands, den die Erde von der Sonne hat. Das ist in unserem System weit innerhalb der Merkurbahn. Nun gut, könnte man sagen, dann rückt ein bewohnbarer Planet um einen solchen roten Stern eben näher an ihn heran. Was soll daran so schlimm sein?

In solch großer Nähe zum Zentralstern wirken starke sogenannte Gezeitenkräfte, die einen Planeten dazu bringen, sich irgendwann genauso schnell um die eigene Achse zu drehen, wie er seinen Stern umkreist. So wie es beispielsweise der Mond bei der Erde tut. Das bedeutet, dass er dem Stern immer dieselbe Seite zuwendet. Auf dieser Seite herrscht dann ewiger Tag, während die Rückseite in ewiger Dunkelheit liegt. Die Konsequenzen für Klima und mögliche Lebensbedingungen sind dramatisch. Die Tagseite könnte sich trotz Lage innerhalb der bewohnbaren Zone so stark aufheizen, dass sämtliches Wasser verdampft und die Oberfläche austrocknet, während die Nachtseite zu einer gefrorenen Eiswüste erstarrt. Dazwischen, in einem schmalen Streifen rund um den Planeten, der sogenannten »Zwielichtzone«, könnten die Bedingungen moderater sein. Dort ginge die Sonne niemals auf und niemals unter, sondern stünde für immer am Horizont. Aber auch hier bringt die extreme Temperaturdifferenz zwischen Tag- und Nachtseite gewaltige atmosphärische Bewegungen mit sich. Heiße, aufsteigende Luft auf der Tagseite und kalte, fallende Luft auf der Nachtseite könnten planetenweite Stürme erzeugen, die ununterbrochen über die Zwielichtzone hinwegfegen. Hat Leben hier eine Chance? Wir wissen es noch nicht. Wenn wir aber herausfinden sollten, dass

Leben um rote Zwergsterne generell nicht möglich ist, dann müssen wir gut drei Viertel der Sterne innerhalb der Milchstraße bei der Suche nach Leben außerhalb der Erde von vornherein streichen. Ein harter Schlag für unsere Hoffnung, zeitnah eine entsprechende Entdeckung zu machen.

Doch es gibt Szenarien, in denen ein solcher Planet durchaus bewohnbar sein könnte. Entscheidend ist, dass er über eine ausreichend dichte Atmosphäre verfügt, die Hitze und Feuchtigkeit verteilt. Dann würde die Tagseite nicht vollständig austrocknen, sondern könnte im Zentrum sogar einen stabilen Ozean halten, gespeist durch den ständigen Kreislauf von Verdunstung, Wolkenbildung und Regen. Rund um diesen Ozean entstünde ein Wolkengürtel, der das einfallende Licht teilweise reflektiert und so wie ein schützender Schirm wirkt. Die Nachtseite dagegen bliebe in tiefem Frost gefangen, womöglich bedeckt von gefrorenem Wasser. Dieses auffällige Muster einer dunklen, feuchten »Pupille« aus Ozean, umrahmt von einer wolkenreichen »Iris« und einer eisigen, weißen Nachtseite, erinnert aus der Ferne an ein riesiges Auge. Deshalb spricht man bei solchen Welten auch von »Augapfel-Planeten«. Sollte es wirklich Leben um einen roten Zwergstern geben, dann stehen die Chancen nicht schlecht, dass es einen Augapfel-Planeten bewohnt, der auf einer Seite im ewigen Tageslicht und auf der anderen Seite in ewiger Nacht gefangen ist.

Yin und Yang

In der Physik sind Symmetrien ein beliebtes Konzept. Wir finden sie häufig in der Natur. Zum Beispiel in der Teilchenphysik: Zu jedem Teilchen, wie Proton oder

Elektron, gibt es ein Antiteilchen, wie Antiproton oder Positron. Es hat die exakt gleiche Masse wie das Teilchen, doch die entgegengesetzte Ladung. Vielleicht ist die Idee von Symmetrien auch deshalb so beliebt, weil wir Menschen besonders viel damit anfangen können. Wir erkennen Symmetrien in Mustern besonders gut und empfinden sie als Zeichen von Ordnung, Vorhersagbarkeit und Stabilität. Sie lassen sich vor allem mathematisch formal einfach fassen und unser Gehirn aktiviert beim Betrachten von symmetrischen Formen Belohnungszentren. Symmetrie ist für uns also buchstäblich belohnend. Kein Wunder, dass wir oft auf die Idee kommen, für gewisse Phänomene und Ideen eine Symmetrie zu finden, wenn sie allein stehen. So geschah es auch in Bezug auf die Idee der Schwarzen Löcher. Es schien ein Yin zum Yang zu fehlen: ein Weißes Loch zum Schwarzen Loch. In den 1960ern wurde eine physikalische Vorstellung von Weißen Löchern erstmals formuliert. Sie entsprang genaueren Betrachtungen der Einsteinschen Feldgleichungen.

Wie anfangs erwähnt, stammt die erste Beschreibung Schwarzer Löcher aus einer Lösung für diese Gleichungen von Karl Schwarzschild. Genau wie die Schwarzen Löcher wurden auch die Weißen Löcher aus einer mathematischen Überlegung – und nicht aus einer Beobachtung – geboren. Erst in den 1960er Jahren zeigte sich, dass die Gleichungen mehr hergeben: Betrachtet man die Schwarzschild-Metrik in einer erweiterten Form (den sogenannten Kruskal-Szekeres-Koordinaten), dann sieht man, dass sie nicht nur Schwarze Löcher, sondern auch ein »zeitumgekehrtes Spiegelbild« beschreibt. Eine anschauliche Analogie ist die Lösung einer quadratischen Gleichung. Fragt man nach x, wenn $x^2 = 9$, lautet die Antwort nicht nur $x = +3$, sondern auch $x = -3$. Genauso enthält die vollständige Lösung der Einstein-Gleichungen nicht nur

Schwarze Löcher, sondern auch Weiße Löcher. Aber was sollen Weiße Löcher sein? Was bedeutet ein »zeitumgekehrtes Spiegelbild« eines Schwarzen Lochs überhaupt? Von außen betrachtet wäre ein Weißes Loch schlicht ein Schwarzes Loch, bei dem die Zeit rückwärts läuft. Das bedeutet, es handelt sich zwar ebenso um stark komprimierte Materie, doch während bei einem Schwarzen Loch alles, was von außen den Ereignishorizont überschreitet, unweigerlich hineinfällt, ist es beim Weißen Loch andersherum. Alles, was von innen den Ereignishorizont überschreitet, wird abgestoßen und kann nie wieder zurück. Beim Weißen Loch bräuchte es Überlichtgeschwindigkeit, um von außen nach innen zu gelangen, während es beim Schwarzen Loch umgekehrt ist. Es sähe aus wie ein explodierendes Gegenstück zum Schwarzen Loch. Statt Licht zu schlucken, schickt es alle Strahlung von sich fort und wäre folglich weiß und nicht schwarz. Ein Yin zum Yang.

Das klingt zunächst absurd, aber klangen nicht auch Schwarze Löcher absurd, als sie zum ersten Mal aus mathematischen Gleichungen heraus entdeckt wurden? Es gibt tatsächlich ein paar Faktoren, die sehr berechtigte Zweifel an der realen Existenz Weißer Löcher bestehen lassen. Zunächst war bereits vor der direkten Beobachtung eines Schwarzen Lochs eine Möglichkeit klar, wie sie entstehen könnten. J. Robert Oppenheimer zeigte damals theoretisch, wie es funktionieren könnte. Im Gegensatz dazu ist bis heute völlig unklar, wie Weiße Löcher jemals entstehen könnten. Es ist unmöglich, dass sie durch den Kollaps von Sternen oder anderen Objekten entstehen, da sie ja Materie ausspucken müssten. Das wiederum führt zu der Erkenntnis, dass Weiße Löcher, sollten sie existieren oder je existiert haben, sehr instabil sind. Sie würden schlicht alle Materie und Strahlung aus ihrem Inneren ausströmen lassen, bis sie sozusagen entleert sind, explodieren und nichts zurücklassen. Und das wiederum sollte ziemlich auffällig sein. Schwarze Löcher sind gerade deswegen so schwer zu finden, weil sie nichts aussenden, was sie verraten würde. Wir entdecken sie meistens nur dann, wenn sie ihre Umgebung, wie nahe Sterne oder Gaswolken, beeinflussen. Weiße Löcher hingegen müssten wie Leuchttürme in Galaxien strahlen. Doch alles, was wir in dieser Richtung jemals gefunden haben, erwies sich meist als das genaue Gegenteil von Weißen Löchern. Quasare zum Beispiel, gewaltig helle Leuchterscheinungen im Zentrum gewisser Galaxien (im Kapitel »Botschaften von Aliens« näher beschrieben), stellten sich schnell als Schwarze Löcher heraus, die dabei sind, gewaltige Mengen Gas und Staub zu verschlingen. Dabei heizen sie, ähnlich wie im Kern eines Quasi-Sterns, die Scheibe aus Materie, die sich um sie bildet, sehr stark auf und bringen sie mit unfassbar hoher Energie zum Leuchten. Bisher konnten wir also nichts finden, was auch nur im Entferntesten auf Weiße Löcher hindeutet. Eine mathematische Möglichkeit ist eben keine zwingende Realität. Und trotzdem bleiben sie ein faszinierender Gedanke. Oft werden sie in einem Atemzug mit der Vorstellung von sogenannten »Wurmlöchern« genannt: Brücken in der Raumzeit, die weit entfernte Orte über einen besonders kurzen Weg verbinden. In diversen Klassikern der Science-Fiction wird dieses Prinzip gerne mit einem Blatt Papier dargestellt, welches gefaltet und mit einem Stift durchbohrt wird, um zwei möglichst weit auseinanderliegende Punkte darauf besonders clever zu verbinden. Aber in der Realität wäre eine Verbindung zwischen Schwarzen Löchern – als Eingang – und Weißen Löchern – als Ausgang – zwar denkbar, aber so hochgradig instabil, dass sie sofort zusammenbrechen würden. Besonders waghalsige Theorien nutzen Weiße

Löcher als Grundlage für den Urknall: Könnte es nicht sein, dass das Werden des Universums, das wir heute bewohnen, in Wahrheit eben eine Art Weißes Loch war? Dass Raum und Zeit und alles, was darin vertreten ist, vor 13,8 Milliarden Jahren aus dem Gegenteil eines Schwarzen Lochs hervorsprudelte? Eine tolle Vorstellung, fast intuitiv. Viel Zulauf bekommt diese Idee in wissenschaftlichen Kreisen allerdings nicht. Vor etwa 13,8 Milliarden Jahren entstand aus einem winzig dichten und heißen Punkt Raum, Zeit, Materie und Energie – und das Universum begann sich auszudehnen. Das versteht man gemeinhin unter dem »Urknall«. Doch der Urknall verlangt eigentlich gar nicht nach einer lokalen Lösung der Einsteinschen Gleichungen innerhalb der Raumzeit. Es ist keine Explosion im Raum, sondern der Beginn von Raum und Zeit selbst.

Was bleibt also am Ende über die Weißen Löcher zu sagen? Sie entstammen der Mathematik, wie viele Objekte vor ihnen, die letztendlich doch gefunden wurden. Wenn sie wirklich existieren, dann tarnen sie sich sehr gut und verbergen das Geheimnis ihrer Entstehung. Bis wir konkrete Spuren finden, werden sie, wie alle unbestätigten seltsamen Objekte, in der Wissenschaft weiter größtenteils als theoretische Kuriositäten gelten, die anregen, tiefer über den Kosmos nachzudenken.

Mythen über das Weltall

Elka
Wenn ich nicht wüsste, dass du vom Fach bist, würd ich denken, dass du dir diese »seltsamen Objekte« einfach ausgedacht hast.
Jana
Oh nein, die werden wirklich in der Astronomie diskutiert.
Eva
Deshalb lieb ich die Astronomie ja so – sie überrascht einen immer wieder!
Elka
Deswegen ist es manchmal so schwierig, zwischen Fakt und Fiktion zu unterscheiden, weil sehr vieles, das man vom Universum erfährt, klingt einfach unvorstellbar. Aber es gibt doch einige Fehlannahmen und Fake News, die man immer wieder hört. Höchste Zeit, diese mal zu debunken!

Verschwörungsmythen, Pseudoscience und Fake News aufdecken ist eine meiner großen Leidenschaften. Besonders während der COVID-19-Pandemie habe ich auf meinem Instagram-Kanal @thesciencyfeminist über

Falschinformationen rund um das Thema Impfungen, Corona und generell Gesundheit aufgeklärt. Wusstest du zum Beispiel, dass Vitamin C nicht gegen eine Erkältung hilft? Ja, leider ist das »C« in »Aspirin +C« eher Deko als Wunderwaffe. Aber um Erkältungen soll es hier natürlich nicht gehen, sondern um Mythen rund um das Weltall. Davon gibt es tatsächlich eine ganze Menge. Kein Wunder, schließlich sind die unendlichen Weiten des Alls und seine rätselhaften Objekte alles andere als leicht zu begreifen. Grund genug für ein Mythbusting-Kapitel mit einigen der bekanntesten Mythen und Fehlannahmen über das Weltall und einem Blick auf Fake Science in Filmen als Abschluss.

»Sind Schwarze Löcher kosmische Staubsauger?«

Schwarze Löcher – die wohl unheimlichsten Objekte des Universums. Für viele gibt es wohl keine schlimmere Vorstellung, als von einem Schwarzen Loch aufgesogen zu werden und im ewigen Nichts zu verschwinden. Aber funktionieren Schwarze Löcher wirklich so? Und wie kann man verhindern, von einem verschluckt zu werden?

Zuallererst: Was würde überhaupt passieren, wenn du in ein Schwarzes Loch fällst? Zugegebenermaßen, es wäre wirklich sehr, sehr unangenehm. Es würde ein Prozess stattfinden, der oft als »Spaghettisierung« bezeichnet wird. Auch wenn das recht lustig klingt, ist es doch weniger lustig, wenn du selbst dabei die Spaghetti bist. Jedes Objekt, das in ein Schwarzes Loch fällt, wird früher oder später durch den extremen Gravitationsgradienten (also die Änderung in der Gravitation) in die Länge gezogen. Diese unglaubliche

Gravitationskraft kommt daher, dass das Schwarze Loch eine unvorstellbar hohe Dichte hat. Wir kennen nichts anderes im Universum mit einer höheren Dichte. Im Zentrum des Schwarzen Lochs sollte sich laut Theorie sogar ein Punkt von unendlicher Dichte befinden, eine sogenannte Singularität. Dass es so einen Punkt jedoch nicht geben kann, zeigt, dass unsere Theorien unvollständig sind und dort die Gesetze der Physik, wie wir sie kennen, nicht mehr gelten. Doch dieses heikle und bisher noch ungelöste Thema der Physik wollen wir an dieser Stelle besser ausklammern. Wer sich dazu weiter einlesen möchte, sollte sich die Werke von Stephen Hawking ansehen. Er hat sich intensiv mit Schwarzen Löchern und Singularitäten befasst und war nebenbei ein genialer Wissenschaftskommunikator. Oder ihr lest nochmal in Janas Kapitel »Seltsame Objekte« hinein.

In ein Schwarzes Loch zu fallen, ist also eher nicht zu empfehlen. Doch kann man verhindern, dass man hineinfällt, oder werden wir sowieso alle irgendwann aufgesaugt? Das kommt darauf an, wo du stehst. Schwarze Löcher haben zwar so eine hohe Anziehungskraft, dass nicht einmal Licht, das sich logischerweise mit Lichtgeschwindigkeit bewegt, entweichen kann, aber das gilt nur in einem bestimmten Bereich: dem Ereignishorizont. Diese »Danger Zone« rund um das Schwarze Loch solltest du unbedingt meiden. Denn einmal hineingeraten, hast du keine Chance mehr, zu entfliehen, selbst wenn du mit Lichtgeschwindigkeit wegfliegen würdest. Aber das bedeutet noch lange nicht, dass Schwarze Löcher alles in ihrer Umgebung nach und nach einsaugen. So wie bei allen anderen massiven Objekten nimmt die Gravitationskraft mit dem Abstand ab. Ein Objekt, das sich außerhalb des Ereignishorizonts eines Schwarzen Lochs befindet und nicht direkt darauf zusteuert, kann auch eine stabile Umlaufbahn einnehmen, ohne hineinzufallen.

Eine friedliche Co-Existenz ist also auf jeden Fall möglich. Wir brauchen keine Sorge zu haben, dass Schwarze Löcher in nächster Zeit unser ganzes Universum aufsaugen und nichts mehr übriglassen. Sie sind keine kosmischen Staubsauger. Wovor wir außerdem keine Angst haben brauchen, sind Mikro-Schwarze Löcher, die hypothetisch in Teilchenbeschleunigern entstehen können. Die Angst vor der Apokalypse war groß, als Wissenschaftler*innen die These aufstellten, dass es möglich sein könnte, winzige Schwarze Löcher auch im Labor zu erzeugen. Das wäre aber völlig harmlos. Die Lebensdauer dieses Phänomens wäre so kurz, dass die Micro-Black-Holes gleich wieder zerstrahlen würden. Außerdem reicht die Energie, die ein irdischer Teilchenbeschleuniger erzeugt, bei Weitem nicht aus, um diese Miniaturen von Schwarzen Löchern zu erzeugen. Man kann also getrost beruhigen: Die CERN-Wissenschaftler*innen werden vermutlich nicht für den Weltuntergang verantwortlich sein.

»Sieht man die Chinesische Mauer aus dem All?«

Einmal als Astronaut*in einen Blick von oben auf unseren blauen Planeten werfen. Ein Traum vieler Menschen, so auch von Eva zum Beispiel. Ich selbst bin da etwas ängstlicher und habe lieber festen Boden unter meinen Füßen. Die Magie dieses Ausblicks bleibt aber auch mir nicht verborgen: die ganze Menschheit und die gesamte Naturwelt der Erde, versammelt auf dieser frei schwebenden blauen Murmel im dunklen All. Das ist unvorstellbar und wunderschön. Doch was würde man als Austronaut*in genau sehen, wenn man auf die Erde blickt? Ein vielverbreiteter Mythos besagt, dass die Chinesische Mauer das einzige von Menschen geschaffene Bauwerk sei, das man aus dem Weltall sehen könne. Tatsächlich ist das aber falsch. Als jemand, der schon mal auf der Chinesischen Mauer gewandert ist, kann ich berichten: Die Mauer ist zwar beeindruckend lang, aber auch sehr schmal. Ein so dünner Strich in der Landschaft kann aus dem Weltall leider nicht sichtbar sein, egal wie lang er ist. Außerdem hat die Mauer an vielen Stellen fast die gleiche Farbe wie ihre Umgebung. Das macht eine Sichtung noch viel schwerer. Selbst aus der niedrigen Erdumlaufbahn, also dort, wo sich die Internationale Raumstation befindet, ist sie mit bloßem Auge kaum zu erkennen.

Doch auch wir Menschen haben Spuren hinterlassen, die aus dem Weltall sichtbar sind. Am offensichtlichsten sind Großstädte und ihre künstliche Beleuchtung bei Nacht. Auch spektakuläre Bauprojekte an der Küste wie die künstlichen Palmeninseln vor Dubai kann man mit bloßem Auge erkennen. Bei aller menschlichen Ingenieurskunst sind die natürlichen Landmarken der Erde aber um einiges markanter. Die schneebedeckte Himalaya-Gebirgskette, das Great Barrier Reef an der Nordostküste Australiens und den gewaltigen Grand Canyon, der vor Millionen von Jahren entstanden ist – das alles könntest du von der Internationalen Raumstation (ISS) aus sehen.

Also auch ohne Chinesische Mauer zahlt sich ein Blick aus der ISS definitiv aus. Du würdest außerdem etwas erleben, das die Psychologie als »Overview-Effekt« bezeichnet: ein tiefes Gefühl der Verbundenheit allen Lebens auf der Erde. Frank White beschrieb 1987, dass Menschen, welche die Erde aus dem All gesehen haben, dadurch auch ihre politischen Einstellungen und Werte geändert haben. »Raumfahrt macht links« könnte man vereinfacht zusammenfassen. Der erste Mensch im All, der große Juri Gagarin, meinte nach seinem Raumflug 1961 schon: »Ich sah, wie schön unser Planet ist. Leute, lasst uns diese Schönheit erhalten und vermehren, nicht zerstören.«

Ich kann euch hier zwar keinen ISS-Trip mit Overview-Effekt anbieten, aber vielleicht kommt dieser Livestream ja nahe dran. Hier könnt ihr selbst einen Blick aus der ISS und aus der chinesischen Raumstation Tiangong werfen.

»Gibt es in der Internationalen Raumstation keine Schwerkraft?«

Nicht nur einen Blick auf die Erde, sondern auch Schwerelosigkeit ist etwas, das viele Menschen einmal erleben möchten. Wir kennen alle die Videos der Astronaut*innen auf der ISS, auf denen sie mit wild aufstehenden Haaren federleicht von einem Raum in den nächsten schweben. Daher liegt der Gedanke nahe, dass es auf der ISS anscheinend keine Schwerkraft gibt. Das ist jedoch ein sehr weit verbreiteter Irrtum. Die Gravitation (auch bekannt als Schwerkraft) nimmt, wie bereits erwähnt, mit dem Abstand zum Objekt ab. Deswegen wird sie tatsächlich immer geringer, je weiter man sich von der Erde wegbewegt. So weit, so korrekt. Die ISS fliegt jedoch auf einer viel zu geringen Höhe, um als Passagier*in solch einen rasanten Abfall der Gravitation bemerken zu können. Ihre Umlaufbahn ist auf durchschnittlich 408 Kilometern Höhe. Auch wenn sich das für uns sehr hoch anhört, ist das im Vergleich zum Durchmesser der Erde nicht sehr viel. Die Gravitationskraft ist auf der ISS nur etwa 12 % geringer als auf der Erdoberfläche. Also viel zu stark, um dabei fröhlich herumschweben zu können. Zum Vergleich: Die Gravitation, die Astronaut*innen am Mond spüren, ist nur etwa ein Sechstel so groß wie die auf der Erdoberfläche. Also um ein Vielfaches niedriger als in der ISS.

Doch warum schweben die Astronaut*innen dann in der ISS? Weil sich die ISS konstant im freien Fall auf die Erde befindet. Die Gravitation zieht sie ununterbrochen Richtung Erde, doch ihre enorme Vorwärtsgeschwindigkeit von rund 28.000 km/h sorgt dafür, dass sie die Erde dabei immer verfehlt. Sie fällt gewissermaßen um den Planeten herum. Da sie und ihre Besatzung denselben freien Fall erleben, spüren die Astronaut*innen Schwerelosigkeit. Durch den Widerstand der dünnen Hochatmosphäre verliert die ISS allerdings kontinuierlich an Höhe und sinkt jede Woche um etwa einen Kilometer. Deswegen muss sie regelmäßig mit Triebwerken angehoben werden, damit sie nicht langsam absinkt und schließlich verglüht.

Wer es so wie ich wahrscheinlich nicht durch die NASA-Aufnahmetests schafft, dem kann ich wieder eine einfache Alternative für dieses Erlebnis empfehlen: Mit einem Parabelflug könnt ihr während eines kontrollierten Sturzflugs etwa jeweils 22 Sekunden Schwerelosigkeit erleben. Wem das zu verrückt oder teuer ist, dem empfehle ich die nächste Achterbahn im Vergnügungspark deines Vertrauens. Der Free Fall Tower im Wiener Prater ist jedenfalls eine meiner Lieblingsattraktionen.

»Ist der Polarstern der hellste Stern am Nachthimmel und zeigt exakt nach Norden?«

Um den Polarstern, auch bekannt als Nordstern oder Polaris, ranken sich gleich zwei Mythen, die beide nicht ganz der Wahrheit entsprechen. Dieser weiß-gelbliche Stern ist weder der hellste am Nachthimmel noch zeigt er ganz exakt nach Norden. Der Polarstern ist in seiner Umgebung zwar recht dominant, aber der hellste Stern am Nachthimmel ist Sirius (aufmerksame Leser*innen haben das bereits in Janas Kapitel »Sternfarben« gelesen). Dieser bläuliche, auch als Hundsstern bekannte Stern ist Teil des Sternbilds Großer Hund, Namensgeber für die sogenannten Hundstage im Sommer. Die Bezeichnung »Hundstage« hat ihren Ursprung in der Antike, da damals das Sternbild Großer Hund von Ende Juli bis Ende August immer in der Morgendämmerung aufging, gleichzeitig mit der Sonne. Heute ist diese Zeitperiode etwas verschoben, aber der Begriff »Hundstage« ist im Sprachgebrauch geblieben und wird oft mit der Zeit der größten Sommerhitze verbunden. Sirius besteht sogar aus zwei Sternen, Sirius A und Sirius B. Er ist ein Doppelstern, also ein Sternsystem, bei dem zwei Sterne gravitativ aneinandergebunden sind und sich gegenseitig umkreisen. Manche Doppelsterne sind mit bloßem Auge oder Teleskop gut unterscheidbar, manche aber, so wie Sirius, erscheinen uns als einzelner heller Punkt. Am besten kannst du Sirius bei uns in den Nächten von Ende August bis Mai sehen. Danach geht er nur mehr am Taghimmel auf und wird von dem allerhellsten Stern an unserem Himmel überstrahlt: unserer Sonne.

Der Polarstern ist also nicht der hellste, das ist sehr eindeutig. Aber was ist mit seiner Ausrichtung nach Norden? Schließlich wird er auch als Nordstern bezeichnet. Zugegebenermaßen zeigt der Polarstern auch »fast« nach Norden, aber eben nicht exakt. Er liegt aber so nahe am Himmelsnordpol, dass er jahrhundertelang zur sicheren Navigation auf See eingesetzt wurde. Polaris ist so wie Sirius kein einzelner Stern, sondern sogar ein Dreifachsternsystem. Es besteht aus dem Hauptstern Polaris Aa, einem gelben Überriesen, und zwei kleineren Begleitsternen, Polaris Ab und Polaris B. Polaris B ist mit einem kleinen Teleskop sichtbar, während Polaris Ab zu nah am Hauptstern ist, um ihn direkt zu beobachten. Polaris B wurde von unserem alten Bekannten Wilhelm Herschel entdeckt. Die lateinische Bezeichnung des Polarsterns ist Alpha Ursae Minoris, was schon darauf hindeutet, dass er Teil des Sternbilds Kleiner Bär ist. Diese Konstellation kennen die meisten als Kleiner Wagen. Der Kleine Wagen ist aber kein eigenes Sternbild, sondern nur ein Teil des Sternbilds Kleiner Bär, genauso wie der Große Wagen ein Teil des echten Sternbilds Großer Bär ist. Solch eine Sternen-Untergruppe nennt man »Asterismus«. Vielleicht kennst du auch den Trick, wie man anhand des Großen Wagens den Polarstern findet. Das Praktische am Großen Wagen ist, dass er in Mitteleuropa zirkumpolar ist, also in einer Himmelsregion, die das ganze Jahr über sichtbar ist. Im Gegensatz zu Sirius wirst du den Großen Wagen also jede Nacht finden können. Wenn du ihn gefunden hast, verlängerst du die hintere Achse des Großen Wagens fünfmal nach oben. Dort triffst du direkt auf einen sehr hellen Stern, unseren Polaris. Wenn du nun vom Polarstern eine gerade Linie im rechten Winkel zum Horizont ziehst, kannst du circa den geografischen Norden ausmachen. Das funktioniert auch sehr zuverlässig, da die Abweichung gering ist. Der Polarstern befindet sich nur etwa 0,66° vom exakten Himmelsnordpol entfernt.

Der Himmelsnordpol ist der Punkt, wo die gedanklich verlängerte Erdachse durch das Himmelszelt stechen würde. Also der Punkt, um den sich scheinbar alle anderen Sterne am Nachthimmel drehen, wie die Spitze eines Kreisels. Da der Polarstern sehr nahe an diesem Punkt ist, beschreibt er nur eine sehr kleine Kreisbewegung um den wahren Nordpol des Himmels. Uns erscheint es mit freiem Auge so, als würde Polaris als einziger Stern unbeweglich am Himmel stehen.

Unser Polarstern war aber nicht immer der Nordstern und wird es auch nicht immer bleiben. Grund ist die Präzessionsbewegung der Erde, also das Taumeln der Erdachse. Wie schon bei den Tierkreiszeichen führt dieses Taumeln auch zu einer Verschiebung des Himmelsnordpols. Damit ändert sich auch, welcher Stern gerade am nächsten zum Himmelsnordpol steht und somit das Amt des Nordsterns antritt. In der Zeit der alten Ägypter, um 2600 v. Chr., war der lichtschwache Stern Thuban im Sternbild Drache der Nordstern, der ihnen vermutlich zur Ausrichtung der Pyramiden diente. Erst um 500 n. Chr. hatte sich die Erdachse so verschoben, dass unser heutiger Polaris zum Nordstern wurde. Und wie wird es weitergehen? Um das Jahr 4000 wird Errai (Gamma Cephei) seine Nachfolge antreten. Doch kein Grund, traurig zu sein, denn nach nur knackigen weiteren 21.000 Jahren kehrt Alpha Ursae Minoris, also unser heutiger Polarstern, wieder an seine aktuelle Position zurück und holt sich den Titel »Nordstern« wieder zurück.

»Ist im Sommer die Erde näher an der Sonne?«

Unsere vier Jahreszeiten – das klingt zunächst wie der Titel eines Volksschulreferats. Doch auch für uns Erwachsene ist es gar nicht so einfach, den Ursprung der Jahreszeiten zu verstehen. Die meisten wissen, dass es etwas mit dem Umlauf der Erde um die Sonne zu tun hat. Aber was passiert in der einen Hälfte dieser Umlaufbahn, in der es bei uns Sommer ist? Sind wir in dieser Zeit vielleicht näher an der Sonne? Klingt logisch, schließlich kennen wir es vom Lagerfeuer: Je näher wir sitzen, desto wärmer wird es. Im riesigen Maßstab unseres Sonnensystems spielen jedoch andere Faktoren eine Rolle. Tatsächlich ist es sogar so, dass wir der Sonne im Januar am nächsten und im Juli am weitesten entfernt sind. Nicht die Entfernung zur Sonne, sondern der Winkel, in dem die Sonnenstrahlen auf unsere Erdhalbkugel treffen, sorgt für den Wechsel der Jahreszeiten. Diese unterschiedlichen Einfallswinkel im Laufe des Jahres entstehen durch die Neigung der Erdachse. Wäre die Erdachse nicht geneigt, sondern im rechten Winkel zur Umlaufbahn, wäre die Sonneneinstrahlung auf der Erde immer gleich. Es gäbe keinen Wechsel der Jahreszeiten.

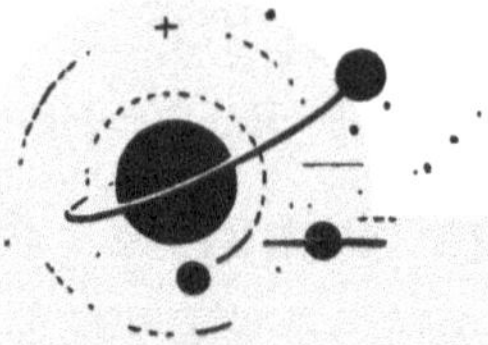

Die Rotationsachsen der Planeten

Erde

Unsere Erdachse ist um etwa 23,4 Grad geneigt.

Mars

Die Marsachse ist unserer mit 25 Grad sehr ähnlich.

Merkur

Hier finden wir die geringste Neigung mit weniger als 0,1 Grad.

Uranus

Uranus hat eine sehr große Achsneigung von 98 Grad. Er rollt also wie eine Murmel auf seiner Umlaufbahn.

Venus

Bei einer Neigung von 177 Grad steht die Venus sozusagen auf dem Kopf und rotiert in die entgegengesetzte Richtung.

Durch die Schrägstellung unserer Erde ist in der einen Jahreshälfte die Nordhalbkugel der Sonne zugewandter und in der anderen Jahreshälfte die Südhalbkugel. Der 21. Juni ist auf unserer Hemisphäre dabei ein ganz besonderer Tag: die Sommersonnenwende. Das ist der längste Tag des Jahres und der Tag mit dem höchsten Sonnenstand zur Mittagszeit. Obwohl dieser

Tag erst der Beginn der astronomischen Sommerzeit ist, werden die Tage nach der Sommersonnenwende schon wieder kürzer. Am 21. Dezember, kurz vor Weihnachten, ist bei uns die dunkelste Zeit des Jahres, die Wintersonnenwende. Da trifft es sich gut, dass in der Adventzeit viele Lichter und Feierlichkeiten diese düsteren Tage erhellen. In Wien haben wir zur Wintersonnenwende nur rund 8,5 Stunden Tageslicht, in Hamburg sogar eine Stunde weniger. Doch wir sollten uns nicht zu laut beschweren, denn in Reykjavík müssen sie an diesem Tag mit nur circa 4 Stunden Sonne auskommen. Auf der Südhalbkugel sind die Sommer- und Wintersonnenwende genau vertauscht. In Buenos Aires, meiner Wahlheimat während meines Auslandssemesters, ist der längste Tag der 21. Dezember mit rund 14,5 Stunden und der kürzeste der 21. Juni mit 10 Stunden Tageslicht. Die vertauschten Jahreszeiten gehören zu den skurrilsten Erfahrungen einer Reise auf die Südhalbkugel. Weihnachten mit 40 °C im Schatten und Grillerei hat bei mir nur bedingt Weihnachtsstimmung ausgelöst. Eine Ausnahme dieser klassischen Jahreszeiten sind übrigens die Tropen. Da die Sonne dort immer ziemlich hoch steht, gibt es keine Jahreszeiten, sondern nur Regen- und Trockenzeiten.

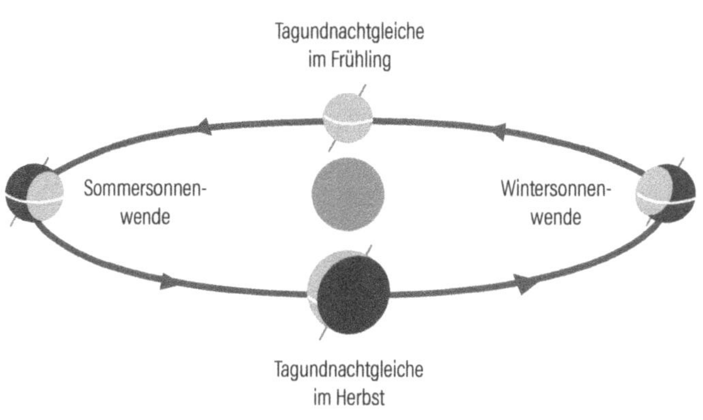

Vielleicht hast du dich auch schon mal gefragt, warum der längste Tag nicht mitten im Sommer ist, sondern ganz am Anfang. Die Gewissheit, dass die Tage ab Ende Juni immer kürzer werden, kann für Sonnenanbeter*innen wie mich etwas deprimierend sein. Der Grund sind unsere Ozeane, Meere und Seen, die sich wie riesige Wärmespeicher verhalten. Sie erwärmen sich nur langsam und geben diese gespeicherte Wärme dann auch wiederum nur langsam wieder ab. Das führt zu einer zeitlichen Verzögerung der Temperaturspitzen. Dieser Effekt ist auf der Südhalbkugel besonders ausgeprägt, da sie zu 81 % von Wasser bedeckt ist. Auf der Nordhalbkugel haben wir deutlich mehr Land, nur 61 % der Fläche ist Wasser. Da die Temperaturänderungen von den wärmespeichernden Ozeanen abgedämpft werden, unterscheiden sich die Jahreszeiten auf der Südhalbkugel weniger voneinander als im Norden. Doch auch bei uns im Norden hat man in den letzten Jahrzehnten das Gefühl, dass die Jahreszeiten nicht mehr den klassischen Verlauf nehmen, den wir in unseren Volksschulbüchern gelernt haben. Durch den menschengemachten Klimawandel haben wir immer öfter milde Winter und sehr heiße Sommer, zusätzlich zu den häufigeren Extremwetterlagen und Naturkatastrophen. Die Jahreszeiten und das Klima auf der Erde sind leider nicht in Stein gemeißelt, sondern durch viele Faktoren auf der Erde beeinflusst. Einer der wichtigsten ist der Ausstoß von CO_2, der vor allem durch unser profit- und wachstumsorientiertes Wirtschaftssystem rasant angestiegen ist. Unsere blaue Erde ist grundsätzlich ein sehr lebensfreundlicher Planet. Ob es so bleibt, liegt allerdings in unserer Hand.

Science-Fiction meets Science – Wenn das Weltall im Kino lügt

An dieser Stelle würde ich gerne von einem kultigen, alten Science-Fiction-Film erzählen, der meine Faszination fürs Weltall ausgelöst hat. Meine Story ist etwas spezieller, aber für ein 90s-Girl vielleicht auch nicht so ungewöhnlich. Mein erster Berührungspunkt mit dem Kosmos und unseren Planeten war meine Obsession mit *Sailor Moon*. In meiner Freundinnengruppe wurde ich per offiziellem Beschluss zu Sailor Merkur ernannt, die klügste Sailor-Kriegerin mit den kurzen blauen Haaren und einem Supercomputer. Auch als Planet ist Merkur sehr spannend, übrigens der innerste und kleinste unseres Sonnensystems (was auch zu meiner Körpergröße passt). Falls du übrigens noch nicht weißt, welcher Planet du bist, kann dir unser Planeten-Persönlichkeits-Quiz ab Seite 245 sicherlich weiterhelfen! Die Jahre vergingen und auch in mein Leben kamen Filme wie *Star Wars* oder *Interstellar*. Filme, die so wie bei den meisten von uns mein Bild vom Weltall nachhaltig geprägt haben. Doch Hollywood nimmt es mit der Wissenschaft nicht immer ganz genau, wie Eva im Kapitel »Asteroiden und Planetare Verteidigung« auch schon erzählt hat. Durch diese fantasievollen Darstellungen auf der großen Leinwand haben sich in unseren Köpfen so manche falsche Vorstellungen über das Weltall eingenistet.

- **Laute Explosionen und Geräusche im All:** der Klassiker. Ob bei einem vorbeifliegenden Raumschiff in Star Wars oder bei einer Explosion während einer Kampfszene, die Sound-Effekte gehören meist einfach dazu. Doch im Vakuum des Weltalls würde man rein gar nichts hören, da Schall immer ein

Medium braucht, um sich auszubreiten. Es gibt aber auch Filme, wo das stille Weltall korrekt dargestellt wird, zum Beispiel in *Gravity* aus 2013 oder dem Kubrick-Meisterwerk *2001: Odyssee im Weltraum.*

- **Funkelnde Sterne im All:** Das hübsche Funkeln der Sterne am Nachthimmel ist eigentlich nur eine Verzerrung, die durch unsere Atmosphäre entsteht. Die Sterne leuchten mit konstanter Leuchtkraft, aber ihr Licht wird beim Durchgang durch die Erdatmosphäre in unterschiedlich warmen Luftschichten abgelenkt. Das führt zum romantischen Flackern, das wir lieben, aber Astronom*innen bei ihren Beobachtungen sehr nervt. Wenn wir im All und außerhalb unserer Erdatmosphäre sind, dann gibt es auch kein Funkeln, sondern nur konstante Lichtpunkte.

- **Planeten mit nur einem Ökosystem:** Wer wollte nicht schon einmal über den Wüstenplanet Tatooine oder den Eisplanet Hoth im *Star-Wars*-Universum spazieren? Solche klaren Labels sind sehr einprägsam, aber in der Realität ziemlich unwahrscheinlich. Damit sich Leben entwickelt, braucht es eine Vielfalt an Landschaften und Ökosystemen auf einem Planeten. Unsere Erde ist ein gutes Beispiel: Wir haben Ozeane, Landmassen, Wälder, Sümpfe und verschiedene Klimazonen.

- **Ohne Raumanzug erfriert man oder explodiert man:** Eine effiziente Art, unliebsame Gegner*innen loszuwerden, ist, sie einfach ohne Raumanzug aus dem Raumschiff zu werfen. Doch was würde mit einem Menschen im All passieren? Erfrieren wir augenblicklich, wie in *Mission to Mars?* Oder explodiert unser Kopf, wie in *Total Recall?* Keines von beidem wäre die tatsächliche Todesursache. Im Weltall kann es ohne Sonneneinstrahlung zwar wirklich kalt werden – unter –100 °C –, aber trotzdem würden wir nur sehr langsam erfrieren. Das Vakuum ist ein sehr schlechter Wärmeleiter, weshalb wir unsere Körperwärme nur sehr langsam abgeben würden. Bis zum Zeitpunkt des Gefrierens wären wir längst tot. Der plötzliche Druckabfall würde auch nicht dazu führen, dass wir explodieren, aber dazu, dass das Blut in unserem Körper zu kochen beginnt. Der Siedepunkt von Flüssigkeiten ist niedriger, je niedriger der Luftdruck ist. Auf dem Mount Everest kocht Wasser zum Beispiel schon bei 70 °C. Im Weltall kochen Flüssigkeiten bereits bei einer Temperatur, die niedriger als unsere 37 °C Körpertemperatur ist. Doch so schlimm das klingt, unsere größte Sorge wäre die Sauerstoffversorgung. Da kein Umgebungsdruck vorhanden ist, würde jeglicher Sauerstoff sofort aus der Lunge ins Vakuum entweichen, und wir würden schon nach 10 bis 15 Sekunden bewusstlos werden. Die »gute« Nachricht ist also, dass wir gar nicht mitbekommen würden, wie wir später innerlich kochen, unsere Augen und Lungen zerplatzen und wir nach wenigen Minuten ersticken.

- **Humanoide Aliens:** Als der mexikanische selbsternannte »UFO-Experte« Maussan der Öffentlichkeit angebliche Alien-Mumien präsentierte, war ich doch sehr amüsiert. Sie sahen genauso aus wie klassische Marsmännchen in Filmen: ähnliche Proportionen wie wir Menschen, aber mit großem Kopf und kleinerer Körpergröße. Was für ein Zufall! Oder doch Hellseherei von Hollywood & Co? Kurz darauf stellte sich heraus, dass die Mumien aus tierischen Knochen und Klebstoff gebastelt wurden. Es ist jedoch extrem unwahrscheinlich, dass Aliens uns Menschen so verblüffend ähnlich sind. Unser menschliches Aussehen ist das Ergebnis eines sehr spezifischen evolutionären Prozesses, der an die Gegebenheiten unseres Planeten angepasst ist. Vielleicht sehen Aliens doch eher wie im Film *Arrival* aus, wie tintenfischartige Wesen mit großem rundem Kopf und sieben Tentakeln. Schließlich gehören Kraken auch auf der Erde zu den intelligentesten Lebewesen.

Welcher Planet bin ich?

Frage 1: Wie würdest du dich selbst beschreiben?

- Heißblütig und temperamentvoll
- Gemütlich und lebensfroh
- Stürmisch und unberechenbar
- Kühl und distanziert

Frage 2: Was wäre dein perfekter Urlaubsort?

- Ein Vulkanausbruch aus nächster Nähe
- Ein grüner Nationalpark voller Leben
- Ein Ort mit ständigem Wetterwechsel
- Ein ruhiges Eishotel am Polarkreis

Frage 3: Welches dieser Hobbys passt am besten zu dir?

- Speed-Dating – je schneller, desto besser!
- Gärtnern – ich fördere Leben, wo es nur geht.
- Windsurfen – ich liebe Sturm und Wellen.
- Eisklettern – kalt, aber schön.

Frage 4: Wo wohnst du gerne?

- Je tiefer in der Innenstadt, desto besser.
- In der lebenswertesten Zone der Stadt: zentral, aber außerhalb der Touri-Innenstadt.
- Am Stadtrand.
- Dort, wo sich Fuchs und Hase Gute Nacht sagen.

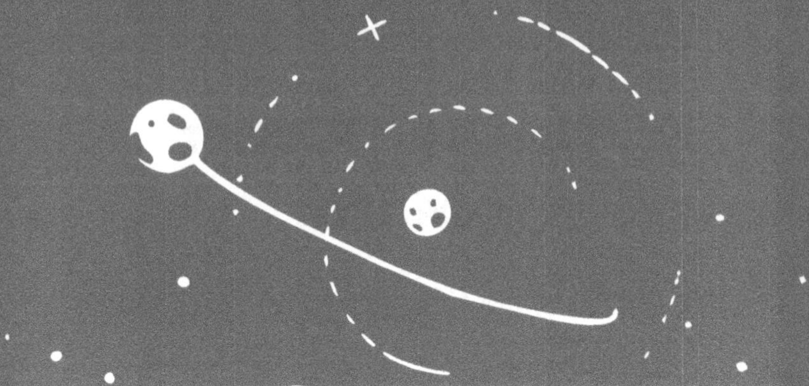

Auswertung

Mehrheit : Venus

Du bist die Venus – heiß, temperamentvoll und voller Energie. Auf der Venus herrschen Temperaturen von über 450 °C, heißer als auf jedem anderen Planeten im Sonnensystem. Deine Leidenschaft ist genauso intensiv wie ihre Gluthitze. Manchmal bist du vielleicht etwas zu viel des Guten, aber genau das macht dich unverwechselbar.

Mehrheit : Erde

Herzlichen Glückwunsch, du bist die Erde – die Lebensspenderin des Sonnensystems. Vielseitig, lebendig und ein echter Allrounder. Du magst Abwechslung, aber nicht das Extreme, und schätzt eine gute Balance im Leben. So wie die Erde die »Goldlöckchen-Zone« bewohnt, in der Leben möglich ist, fühlst auch du dich dort am wohlsten, wo alles im richtigen Maß vorhanden ist.

Mehrheit : Jupiter

Du bist Jupiter – der Gigant unter den Planeten! Stürmisch, voller Energie und niemals zu übersehen. Dein berühmtestes Markenzeichen wäre wohl der »Große Rote Fleck«, ein Sturm, der seit Jahrhunderten wütet. Genauso bringst auch du ordentlich Wirbel ins Leben deiner Mitmenschen. Mit dir wird's garantiert nie langweilig – manchmal vielleicht ein bisschen dramatisch, aber immer eindrucksvoll.

Mehrheit : Neptun

Du bist Neptun – geheimnisvoll, kühl und ziemlich weit draußen. Dich umgibt eine Aura von Distanz, aber wer dir näherkommt, entdeckt eine faszinierende Tiefe. Auf Neptun toben die schnellsten Winde des Sonnensystems, bis zu 2.000 km/h. Dein Inneres ist also alles andere als ruhig! Auch wenn du nach außen gelassen wirkst, steckt in dir ein Sturm voller Ideen und Energie.

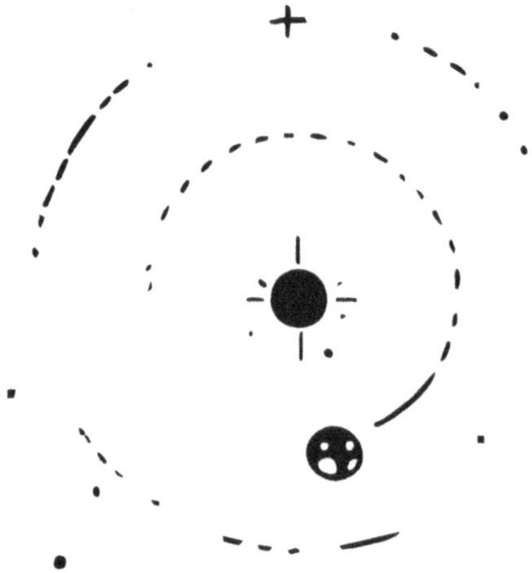

Epilog

(ein letzter Schluck Kaffee …)

Wir haben dieses Buch mit Mythen begonnen, mit Mythen beendet und dazwischen unsere Lieblingsgeschichten aus Astronomie und Wissenschaft erzählt. Wir hoffen, es hat dir gefallen und du findest das Weltall auch so toll und faszinierend wie wir. Immerhin weißt du jetzt, welche Farbe das Universum hat, welche Frauen einen Nobelpreis verdient hätten, wie man den Weltuntergang verhindert, dass auch Planeten Vagabunden sein können und wo im Universum die Suche nach Leben am erfolgversprechendsten ist. Es gibt aber natürlich noch viel mehr über das Universum zu wissen, als wir in unserem Buch aufschreiben konnten. Aber zum Glück gibt es ja auch unseren Podcast »Cosmic Latte«, und wenn du noch nicht genug vom Weltall hast, dann hör dort einfach rein!

Bis bald, auf einen Kaffee im All!

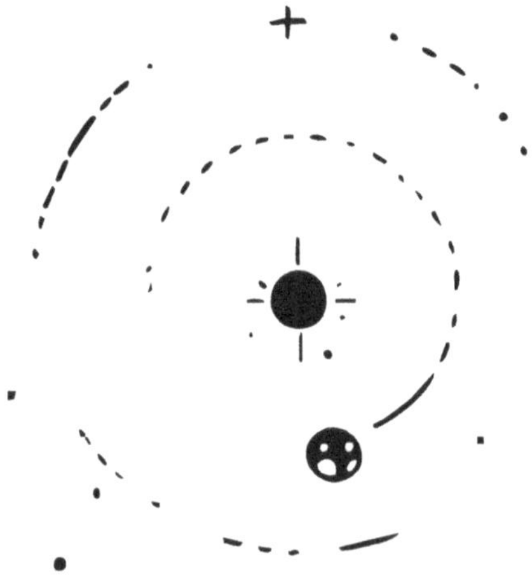

Dank

Zuallererst möchten wir Kate vom Goldegg Verlag danken, die als Erste an unser Buchprojekt geglaubt und den entscheidenden Anstoß gegeben hat. Ein großes Dankeschön gilt auch dem Verlag Goldegg für die angenehme Zusammenarbeit und unserer Lektorin Magdalena für ihre vielen hilfreichen Anregungen. Vielen Dank an unsere Podcast-Hörer*innen, die uns schon seit vielen Folgen begleiten, mitdenken, mitlachen und uns immer wieder motivieren, weiterzumachen. Ohne euch würde es dieses Buch nicht geben!

Eva

Als Cosmic Latte vor beinahe drei Jahren startete, hätte ich mir nicht gedacht, dass ich heute hier sitze, mit einem fertigen Manuskript für ein Buch. Dies alles verdanke ich meinem Mann Florian, der mich immer wieder motiviert und inspiriert, meine Träume zu verwirklichen. Vielen Dank für deine Unterstützung und dass du mir stets den Rücken freihältst! Ich bin sehr dankbar, dich an meiner Seite zu wissen!

Mein Dank gilt natürlich auch den Testleser*innen, die sich die Zeit genommen haben und mir mit ihrem ausführlichen Feedback geholfen haben, »Blinde Flecken« zu erkennen. Danke, Antonia, Enli, Harald, Peter, Petra und Sabine! Mein besonderer Dank gilt Walter Kutschera, den ich im Zuge der Recherchen kennenlernen durfte und dessen Wissen über die Leben der Physikerinnen und Physiker unserer Zeit ein wahrer Quell an Inspiration ist.

Jana

Wenn ich über das Weltall nachdenke, Dinge darüber lerne und die atemberaubenden Aufnahmen der Teleskope betrachte, dann breitet sich etwas in mir aus, was ich als »Astronomy High« bezeichne. Ich bin unendlich dankbar, dass ich diese Leidenschaft, dieses Gefühl, teilen darf. Dass mich diese Begeisterung noch heute begleitet und so ihren Weg auch in dieses Buch finden konnte, verdanke ich unter anderem Harald, Victor, Elisabeth, Hanna, Toby und dem gesamten Terra-X-Team. Sie geben mir die Möglichkeit, nach meiner Zeit an der Universität Astrophysik und meine Liebe dafür weiterhin zu einem zentralen Bestandteil meines Jobs zu machen.

Außerdem gilt mein Dank meiner Familie und meinen Freund*innen aus dem Toxic Danger Space, der SSG, den Ottos und allen anderen mehr oder weniger seltsam benannten Gruppen, die mir Kraft und Mut geben, wenn ich zweifle. Mein Partner Joan ist mein Gefährte durch Licht und Dunkelheit und akzeptiert nicht nur, wer ich bin, sondern ermutigt mich unaufhörlich dazu. Ohne diese Menschen hätte ich niemals auch nur eine Zeile geschrieben.

Elka

Das Jahr, in dem dieses Buch entstanden ist, war auch das Jahr, in dem ich meinen Vater verloren habe. Es war kein leichtes Jahr. Umso dankbarer bin ich für all die Menschen, die in dieser Zeit an meiner Seite waren, mich unterstützt und mir die Kraft gegeben haben, dieses Herzensprojekt zu verwirklichen. Allen voran mein Partner Hannes, der nicht nur meine größte Stütze, sondern auch der wertvollste kritische Mitdenker und das wohl geduldigste Versuchskaninchen war. Ein großer Dank gilt auch meinen vielen Freund*innen, die als Probeleser*innen mit ehrlichem und teilweise sehr unterhaltsamem Feedback an diesem Buch mitgewirkt haben: besonders Lukas und seiner historischen Expertise, aber auch Christian, Lena, Tanja, Vali und Sarah – vielleicht schaffen wir es ja doch noch bald zum Mars.

Endnoten

1 Originalzitat aus: Herschel, John Mrs. (1897). Memoir and Correspondence of Caroline Herschel. London: John Murray, Albemarle Street. URL: https://www.gutenberg.org/cache/epub/52923/pg52923-images.html [Zugriff: 24. 11. 2025]; […] *yet I could not bear the idea of being turned into an Abigail or housemaid […]*

2 Originalzitat aus: Meitner, Lise. (1964). Looking Back. *Bulletin of the Atomic Scientist*, 20 *(9)*, 2–7. URL: https://doi.org/10.1080/00963402.1964.11454713 [Zugriff: 24. 11. 2025]
I was very unsure as to whether I would be able to become a scientist, so I also took my teaching diploma and did my year's trial at a girls' high school, in order to keep open these possibilities. At the same time I did try to carry my scientific education a stage further by working in Professor Boltzmann's institute. (S. 3)

3 Denz, Cornelia & Vogt, Anette. (2005). Einsteins Kolleginnen – Physikerinnen gestern und heute. *Broschüre zum Einsteinjahr 2005. Kompetenzzentrum Technik-Diversity-Chancengleichheit.* S. 28.

4 Hahn, Otto & Strassmann, Fritz. (1939). Über den Nachweis und das Verhalten der bei der Bestrahlung des Urans mittels Neutronen entstehenden Erdalkalimetalle. *Die Naturwissenschaften,* 27, 11–15. S. 15.

5 Letter from Luis W. Alvarez to his son Walter describing the bombing of Hiroshima, Japan (August 6, 1945). National Archives Identifier: 1746778. URL: https://www.archives.gov/san-francisco/highlights/alvarez [Zugriff: 24. 22. 2025]

6 Cocconi, Giuseppe & Morrisson, Philip. (1959). Searching for Interstellar Communication. *Nature.* S. 844–846.

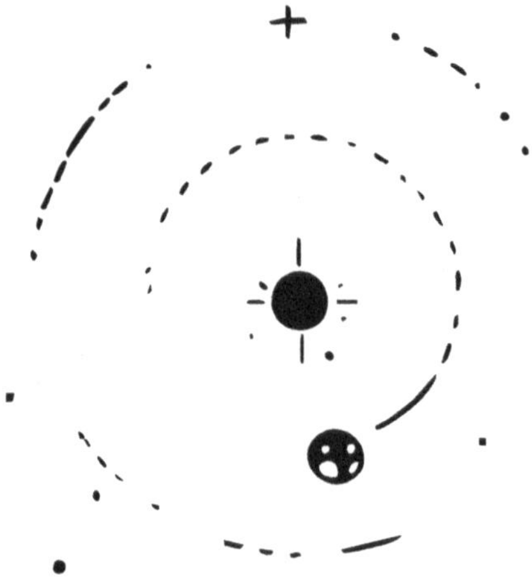